Bandherausgeber

Thorsten M. Buzug
Institut für Medizintechnik
Universität zu Lübeck
buzug@imt.uni-luebeck.de

Reihe: Medizinische Ingenieurwissenschaft und Biomedizintechnik

Diese Reihe umfasst Werke der Medizinischen Ingenieurwissenschaft und Biomedizintechnik, deren Themen strategisch unter den Zukunftstechnologien mit hohem Innovationspotenzial anzusiedeln sind. Als wesentliche Trends dieser Forschungsgebiete, sind die Schlüsselbereiche Computerisierung, Miniaturisierung und Molekularisierung zu nennen. Bei der Computerisierung sind dabei die inhaltlichen Schwerpunkte beispielsweise in der Bildgebung und Bildverarbeitung gegeben. Die Miniaturisierung spielt unter anderem bei intelligenten Implantaten, der minimalinvasiven Chirurgie aber auch bei der Entwicklung von neuen nanostrukturierten Materialien eine wichtige Rolle, und die Molekularisierung ist in der regenerativen Medizin aber auch im Rahmen der sogenannten molekularen Bildgebung ein entscheidender Aspekt. Forschungs- und Entwicklungspotenzial werden auch der Biophotonik und der minimal-invasiven Chirurgie unter Berücksichtigung der Robotik und Navigation zugeschrieben. Querschnittstechnologien wie die Mikrosystemtechnik, optische Technologien, Softwaresysteme und Wissenstechnologien sind dabei von hohem Interesse.

Lena Landwehr

Korrektur von Bewegungsartefakten in der Computertomographie

Medizinische Ingenieurwissenschaft und Biomedizintechnik — Band 10

Herausgeber: Thorsten M. Buzug

Infinite Science Publishing

© 2015 Infinite Science Publishing
der BioMedTec Wissenschaftsverlag Lübeck

Ein Imprint der Infinite Science GmbH,
MFC 1 | BioMedTec Wissenschaftscampus
Maria-Goeppert-Straße 1
23562 Lübeck

Cover Design, Illustration: Uli Schmidts, metonym
Copy Editing: University of Lübeck, Institute of Medical Engineering

Publisher: Infinite Science GmbH, Lübeck, www.infinite-science.de
Print: BoD, Norderstedt

ISBN Paperback:978-3-945954-11-9

Bibliografische Information der Deutschen Nationalbibliothek:
Die Deutsche Nationalbibliothek verzeichnet diese Publikation in der Deutschen Nationalbibliografie; detaillierte bibliografische Daten sind im Internet über http://dnb.d-nb.de abrufbar.

Bibliographic information published by the Deutsche Nationalbibliothek
The Deutsche Nationalbibliothek lists this publication in the Deutsche Nationalbibliografie; detailed bibliographic data are available in the internet at http://dnb.d-nb.de.

Abstract

Computed tomography is an X-ray based imaging modality, which is used in clinical diagnostics. Absorption profiles of the body are measured from different projection angles. From these projections and mathematical methods, such as the filtered backprojection algorithm, the unknown spatial distribution of attenuation coefficients can be reconstructed. However, patient movement during data acquisition results in inconsistent data and errors in the reconstructed structures. Within this thesis, a method to reduce motion artifacts, which are caused by rigid motion, is investigated. The motion parameters are determined by minimizing an objective function whose magnitude correlates with the motion-based artifacts. To evaluate this method, it was tested with simulated and real CT-data. Abrupt motion was investigated as well as continuous motion. All in all, the image quality could be improved with the proposed method. In particular, it could be shown that the root mean squared error is a suitable objective function. In all cases, the motion artifacts could be reduced. Furthermore, good results could be achieved with the entropy as an objective function in cases of abrupt motion and noise free data.

Kurzfassung

Die Computertomographie (CT) ist ein bildgebendes Verfahren, welches in der medizinischen Diagnostik eingesetzt wird. Mit Hilfe von Röntgenstrahlen werden Absorptionsprofile des Körpers aus unterschiedlichen Projektionswinkeln gemessen. Aus diesen Projektionen können mit mathematischen Methoden, wie der gefilterten Rückprojektion, anatomische Strukturen rekonstruiert werden. Dabei kommt es vor, dass es durch Bewegungen des untersuchten Patienten zu Fehlern in den aufgenommenen Strukturen kommt. Im Rahmen dieser Bachelorarbeit wird eine Methode zur Kompensation von Artefakten, die durch rigide Bewegungen verursacht sind, vorgestellt. Die Bestimmung der Bewegungsparameter erfolgte durch Optimierung einer Zielfunktion, welche mit der Stärke der Bewegungsartefakte korreliert. Um die Methoden zu evaluieren, wurden sie mit simulierten und realen Daten der Computertomographie getestet. Hierbei wurden sowohl abrupte als auch kontinuierliche Bewegungen betrachtet. Zudem wurden neben rauschfreien auch mit Rauschen behaftete Daten verwendet. Insgesamt ergaben sich für die durchgeführten Methoden gute bis sehr gute Ergebnisse. Insbesondere die Standardabweichung konnte als geeignete Zielfunktion identifiziert werden. In allen getesteten Fällen konnte die Bildqualität verbessert werden. Darüber hinaus ermöglichte auch eine Verwendung der Entropie als Zielfunktion bei abrupten Bewegungen eine weitestgehende Korrektur der Bewegungsartefakte.

Inhaltsverzeichnis

1 Einleitung

1.1 Motivation

In der Medizintechnik gibt es viele bildgebende Verfahren, deren Aussagekraft und Auflösungsvermögen sich in den letzten Jahren verbessert haben. Trotz der Weiterentwicklung von Magnetresonanztomographie (MRT) und der Digitalisierung des konventionellen Röntgens bleibt die Computertomographie, die seit den 1970er-Jahren Bestandteil der medizinischen Bildgebung ist, eines der bestimmenden Verfahren in der Medizin. Mit Hilfe ihrer guten Konstrastauflösung und kurzen Aufnahmezeiten hat sie sich gerade bei Notfällen als Standardverfahren etabliert. Dabei muss gewährleistet werden, dass die Anatomie des Patienten korrekt dargestellt wird, um eine sichere Diagnose zu ermöglichen. Nur unter diesen Umständen kann die anschließende Behandlung mit Erfolg stattfinden. Jedoch können durch verschiedene Artefakte die Aufnahmen verfälscht werden und Diagnosen sind schwieriger oder unmöglich zu stellen.

Die wichtigsten und immer wieder auftretenden Artefakte sind Metallartefakte, Strahlungsaufhärtungsartefakte, sowie Bewegungsartefakte. Sie reichen soweit, dass sogar pathologische Befunde verschleiert werden können [3].

Innerhalb dieser Arbeit werden die Bewegungsartefakte und Methoden zur Kompensation der Artefakte behandelt. Bewegungsartefakte sind trotz steigender Gantrygeschwindigkeiten, die die Bewegungsartefakte deutlich eingeschränkt haben, weiterhin ein häufig auftretendes Problem. Jeder Patient zeigt innerhalb eines CT-Scans Bewegungen. Dies beeinträchtigt die Bildqualität, da schon kleine Positionsänderungen des Patienten Artefakte herbeiführen [18].

Verantwortlich für die Artefakte sind Inkonsistenzen, die durch die Patientenbewegungen hervorgerufen werden. Es entstehen Schlieren, Eintrübungen oder Unschärfen. Im bisherigen klinischen Alltag werden diese Artefakte mit unterschiedlichen Methoden reduziert. Diese können hardwarebasiert sein, wie die Erhöhung der Gantrygeschwindigkeit, oder softwarebasiert. Die softwarebasierten Methoden zur Artefaktreduktion bestehen meist aus verschiedenen Algorithmen, die versuchen, die auftretenden Bewegungsartefakte zu kompensieren.

Ziel dieser Arbeit ist es, die Bildqualität so zu verbessern, dass die Bewegungsartefakte im Bild beseitigt werden. Dies soll mit Hilfe von rigiden Transformationen geschehen. Da bereits bestehende Verfahren sehr komplex sind, wird mit den Transformationen eine Methode eingeführt, die die Artefakte auf einfache Weise kompensiert. Die Bestimmung der Bewegungsparameter erfolgte durch die Optimierung einer Zielfunktion, die mit der Stärke der Artefakte im Bild korreliert. Durch die Verwendung dieser Parameter innerhalb der rigiden Transformationen wird die vollzogene Bewegung kompensiert und die Bewegungsartefakte reduziert.

Es werden diesbezüglich verschiedene Zielfunktionen auf ihre Eignung überprüft und eingesetzt. Verwendet werden die Summe der negativen Zahlen, die Standardabweichung, sowie die Entropie, die sich in Rohkohl et al. als geeignet erwies [15]. Zusätzlich zur Zielfunktion muss ein geeigneter Optimierungsalgorithmus gefunden werden, um das globale Minimum, welches dem artefaktfreien Bild entspricht, zu finden. Der Optimierungsalgorithmus sollte sehr robust sein, sodass die Bewegungsparameter zuverlässig bestimmt werden können.

Bewegungen im Computertomographen treten vor allem innerhalb der X-, Y-Ebene auf. Die häufigste Form der Bewegung ist die Rotation [18]. Bewegungen in Z-Richtung, also in Richtung des Tischvorschubs, werden deshalb vorerst außer Acht gelassen.

Diese Methoden werden an simulierten Daten mit bekannten Bewegungsparametern, sowie realen CT-Daten getestet und evaluiert. Bei der Evaluierung ist nicht nur das Maß, in dem die Artefakte korrigiert werden, von entscheidener Bedeutung, sondern auch der Zeitraum, den das vorgestellte Verfahren benötigt. Gerade in der Computertomographie, bei der eine Aufnahme nur wenige Minuten dauert, sollte eine beinahe Echtzeitfähigkeit gegeben sein. Denn neben der sehr guten Knochendarstellung ist dies der Vorteil gegenüber nicht-ionisierenden Verfahren.

1.2 Gliederung

Im nun folgenden zweiten Kapitel werden die Grundlagen der Computertomographie dargestellt. Nach einer kurzen Einführung in die energetischen Zusammenhänge und die Detektion der Röntgenstrahlen folgt die mathematische Darstellung der Bildaufnahme und -rekonstruktion. Als wichtigste Methoden sind die Vorwärtsprojektion, das Fourier-Slice-Theorem und die gefilterte Rückprojektion zu nennen. Hinzu kommt die Beschreibung wichtiger Unterschiede zwischen Parallelstrahlgeometrie und Fächerstrahlgeometrie, die bei der Rekonstruktion realer CT-Daten berücksichtigt werden müssen. Ein weiteres wichtiges Thema sind die Bewegungsartefakte. Diese werden im zweiten Kapitel definiert und ihre Ursachen detailliert erläutert. Hierzu werden unter anderem verschiedene Ausprägungen von Bewegungsartefakten dargestellt. Darauffolgend werden kurz in der Literatur vorgestellte Methoden zur Kompensation der Bewegungsartefakte aufgezeigt. Dabei wird unterschieden zwischen softwarebasierten und hardwarebasierten Methoden. Abschließend werden in Kapitel zwei die mathematischen Grundlagen der rigiden Transformation und der Optimierung kurz vorgestellt.

Das dritte Kapitel beinhaltet die in dieser Arbeit genutzten Methoden zur Artefaktreduktion, sowie das verwendete Material zur Simulation und Evaluation der genannten Methoden. Nach kurzer Vorstellung der verwendeten Beispielaufnahmen, werden die Simulation abrupter und kontinuierlicher, rigider Bewegungen sowie das Erstellen inkonsistenter Sinogramme erläutert. Die verwendete Rekonstruktionstechnik wird nach kurzer Beschreibung der Rauschsimulation vorgestellt. Besondere Aufmerksamkeit wird hier auf die Gewichtungsfunktion gelegt. Schließlich werden die genutzten Zielfunktionen, ihre Implementierung, sowie der verwendete Optimierungsalgorithmus beschrieben. Letztendlich wird die Versuchsdurchführung der realen CT-Aufnahme geschildert und das Phantom, so wie die applizierte Bewegung erläutert.

Im vierten Kapitel werden die erzielten Ergebnisse aufgezeigt. Zunächst werden die Ergebnisse der einzelnen Zielfunktionen bei simulierten abrupten Bewegungen vorgestellt. Hierbei werden sowohl rauschfreie als auch mit Rauschen behaftete Daten betrachtet. Darauffolgend sind die Ergebnisse der Kompensation von kontinuierlichen Bewegungen bei der Verwendung unterschiedlicher Zielfunktionen erläutert. Abschließend werden die Ergebnisse der Bewegungsartefaktreduktion bei realen CT-Daten beschrieben.

Im fünften und letzten Kapitel findet dann eine Diskussion der Ergebnisse statt. Die Ergebnisse werden in Hinblick auf ihre Anwendung im klinischen Alltag, zukünftige Projekte und Forschung evaluiert.

2 Grundlagen

Im folgenden Kapitel werden die Grundlagen der Computertomographie erläutert . Der Schwerpunkt liegt auf den mathematischen Methoden der Bildrekonstruktion, sowie der Entstehung von Bewegungsartefakten. Dies ist Teil der Abschnitte 2.2 und 2.3. Im vorangehenden Abschnitt 2.1 werden kurz die Grundlagen der Röntgenstrahlerzeugung und die Detektion der Absorptionsprofile dargestellt. In Abschnitt 2.4 werden abschließend die mathematischen Methoden der Transformation und Optimierung ausgeführt.

2.1 CT-/Röntgentechnik

Die Computertomographie ist ein bildgebendes Verfahren, welches darauf basiert, dass Röntgenstrahlen aus verschiedenen Richtungen erzeugt und detektiert werden. Bei modernen Computertomographen können so Winkelbereiche bis 360° abgerufen werden. Die Strahlung wird mit Hilfe einer Röntgenröhre erzeugt. Elektronen treten aus einer Glühkathode und werden mit Hilfe eines Spannungsgefälles zwischen Glühkathode und Anode von bis zu 150 kV in der medizinischen Diagnostik beschleunigt. Durch das Auftreffen der Elektronen auf die Anode entstehen elektromagnetische Wellen mit der Wellenlänge zwischen 10^{-8}m und 10^{-13}m .
Gemäß des Gesetzes nach Lambert-Beer

$$I(s) = I(0)e^{-\int_0^s \mu(\eta)\mathrm{d}\eta} \tag{2.1}$$

nimmt die Intensität der Röntgenstrahlen in Abhängigkeit von den Schwächungseigenschaften $\mu(\eta)$ des Objektes ab. Die Intensität $I(s)$ wird mit Hilfe der Startintensität $I(0)$ nach der Strecke s durch ein Objekt beschrieben. η beschreibt ein Intervall von s mit der Größe $\eta = i\frac{s}{m}$ und der Anzahl der Intervalle m.
Mittels Szintilationsdetektoren werden die Absorptionsprofile bei unterschiedlichen Projektionswinkeln gemessen. Aus diesen Projektionsbildern kann anschließend die räumliche Verteilung der Schwächungskoeffizienten wie im nachfolgenden Abschnitt berechnet werden.
Die Röntgenröhre und die Detektoreinheit sind gegenüberliegend voneinander aufgebaut und bewegen sich rotierend um den Patienten. Dieser Aufbau wird auch als Gantry bezeichnet. Heute werden Geschwindigkeiten der Gantry von weniger als 0.33 s pro Umdrehung erreicht [4].

2.2 Grundlagen der Bildrekonstruktion

Während der Datenakquirierung werden Projektionswerte gemessen, aus denen anschließend die räumliche Verteilung der Schwächungswerte $f(x,y)$ berechnet werden kann (Vgl. Abbildung 2.1). Angenommen es handle sich um eine 2D-Parallelstrahlgeometrie. Dann werden die Strahlen, die

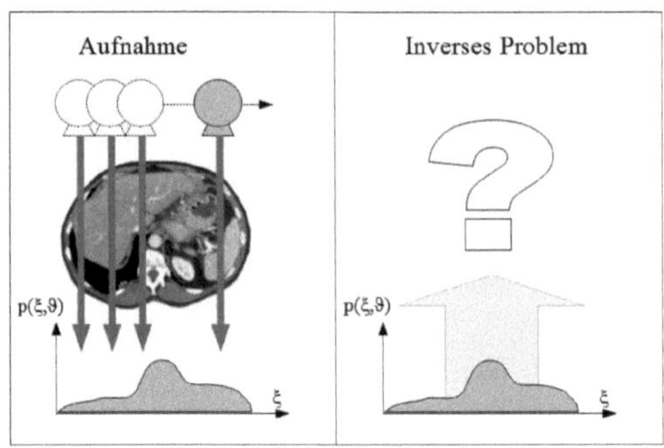

Abbildung 2.1: Darstellung des inversen Problems

das Objekt durchdringen, mit Hilfe des Winkels ϑ und dem Abstand zum Koordinatenursprung ξ beschrieben. Es gilt dann für jeden gemessenen Projektionswert

$$p(\xi,\vartheta) = \int f(x,y)\delta(xcos(\vartheta) + ysin(\vartheta) - \xi)\mathrm{d}x\mathrm{d}y. \tag{2.2}$$

δ beschreibt dabei die Dirac'sche Deltadistribution und p sind die Projektionen von f in Parallelstrahlgeometrie. Die verwendete Dirac'sche Deltadistribution beschreibt einen idealen, unendlich Impuls. Mathematisch bedeutet dies

$$\delta(x - x_0) = \begin{cases} 0 & x \neq x_0 \\ \infty & x = x_0 \end{cases} \text{, mit} \quad \int_{-\infty}^{\infty} \delta(x - x_0) = 1. \tag{2.3}$$

ξ und η spannen ein rotierendes Koordiantensystem auf, wobei ϑ den Rotationswinkel angibt. Das rotierende System ist in Abbildung 2.2 dargestellt.
Dabei wird $p(\vartheta,\xi)$ auch Radontransformation $\mathcal{R}\{f(x,y)\}$ genannt und kann als Faltung vom Objekt f und der Delta-Distribution (2.3) ausgedrückt werden

$$\mathcal{R}\{f(x,y)\} = p(\xi,\vartheta) = f(x,y) * \delta(L). \tag{2.4}$$

Der zurückgelegte Weg des Röntgenstrahls durch das Objekt wird als L bezeichnet.
Die vom Detektor gemessenen Projektionswerte sind die Summe aller Punkte auf L. Diese Punkte können mit Hilfe der Siebeigenschaft der Delta-Distribution beschrieben werden [5] [11].

Fourier-Slice-Theorem

Nun gilt es, einen Zusammenhang zwischen den gemessenen Projektionswerten $p(\xi,\vartheta)$ und dem gesuchten Objekt $f(x,y)$ zu finden. Diese sind verknüpft durch ihre jeweiligen Fouriertransformationen

$$F(u,v) = \int_{-\infty}^{\infty} \int_{-\infty}^{\infty} f(x,y) \cdot e^{-2\pi i(xu+yv)}\mathrm{d}x\mathrm{d}y. \tag{2.5}$$

Innerhalb der Rekonstruktion wird vorallem die inverse Fouriertransformation

$$f(x,y) = \int_{-\infty}^{\infty} \int_{-\infty}^{\infty} F(u,v) \cdot e^{2\pi i(xu+yv)}\mathrm{d}u\mathrm{d}v \tag{2.6}$$

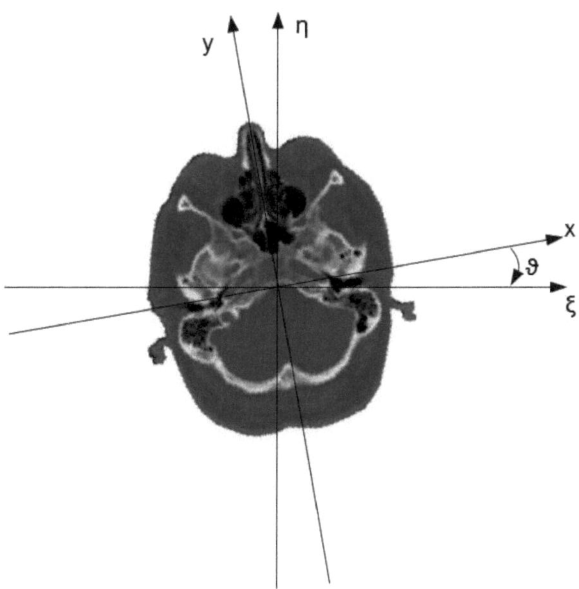

Abbildung 2.2: Rotierendes Koordinatensystem, wobei *(x,y)* ein Koordinatensystem in Ruhe und *(ξ, η)* ein rotierendes System bezeichnen.

verwendet.

Mit Hilfe der Gleichungen (2.2) und (2.5) kann nun die nachfolgende Beziehung

$$P(q,\vartheta) = \int\limits_{-\infty}^{\infty} p(\xi,\vartheta) \cdot e^{-2\pi i q \xi} \mathrm{d}\xi = \int\limits_{-\infty}^{\infty} f(x,y) \cdot e^{-2\pi i q(x\cos(\vartheta)+y\sin(\vartheta))} \mathrm{d}x\mathrm{d}y \qquad (2.7)$$

hergeleitet werden. Es handelt sich um das Fourier-Slice-Theorem, welches die Fouriertransformierte P der Projektionswerte mit der Fouriertransformierten F des Objektes *f(x,y)* in Beziehung setzt. Dabei gilt, dass $\xi = x\cos(\vartheta) + y\sin(\vartheta)$ ist [11].

Wird nun noch die Fouriertransformierte aus (2.5) mit der Gleichung (2.7) verglichen, ergibt sich

$$F(u,v) = P(q,\vartheta). \qquad (2.8)$$

Dies bedeutet, dass die Fouriertransformierte der Projektionsdaten genau der Fouriertransformierten des Objektes in Polarkoordinaten entspricht. Für den Übergang auf Polarkoordinaten gilt, dass

$$u = q\cos(\vartheta) \qquad (2.9)$$

und

$$v = q\sin(\vartheta). \qquad (2.10)$$

Dies kann nun direkt dazu verwendet werden, um aus den Projektionen das Objekt *f(x,y)* zu berechnen.

Ein Problem ist jedoch die Interpolation der Projektionsdaten auf das kartesische Koordinatensystem. Denn die Beschränkung der Anzahl an Projektionen führt insbesondere bei großen Raumfrequenzen zu Fehlern. Dies ist begründet im reziproken Zusammenhang zwischen ξ und q. Dadurch entstehen sogenannte „Inverse Quadrate" [5].

Rückprojektion

Generell kann die Rückprojektion mit Hilfe folgender mathematischer Formel erfolgen:

$$g(x,y) = \int_0^{\pi} p(\xi, \vartheta)\mathrm{d}\vartheta \qquad (2.11)$$

Anschaulich bedeutet dies, dass die gemessenen Projektionen zurück verschmiert werden. Jedoch kann diese einfache, ungefilterte Rückprojektion das ursprüngliche Objekt nicht rekonstruieren. Da sich durch die Integration der Schwächungswerte ausschließlich positive Projektionswerte ergeben, weist das rekonstruierte Bild auch außerhalb des eigentlichen Objektes positive Werte auf. Eine Kompensation dieser positiven Pixelwerte durch negative Projektionswerte aus anderen Richtungen ist nicht möglich.

Zu begründen ist dies mit Hilfe der Point-Spread-Function. Diese lässt sich mit der Integration über die Schwächungswerte beziehungsweise über das Bild des ursprünglichen Objektes f(x,y)

$$g(x,y) = \int_0^{\pi} \int_{r \in L} f(\mathbf{r})\mathrm{d}r\mathrm{d}\vartheta \qquad (2.12)$$

erklären. **L** beschreibt dabei eine Linie, auf die zurückprojeziert werden soll und $\boldsymbol{r}$ einen Punkt *(x,y)*. Durch Ausnutzung der Symmetrie der Delta-Distribution, ebenso wie das Ersetzen des Skalarprodukts durch den Kosinus und durch das Anwenden verschiedener Regeln der Delta-Distribution [4] ergibt sich

$$g(x,y) = \iint_{\mathbf{r'} \in \mathbb{R}^2} f(\mathbf{r'})\frac{1}{|\mathbf{r} - \mathbf{r'}|}\mathrm{d}\mathbf{r'}. \qquad (2.13)$$

Gleichung (2.13) entpricht der Faltung des Bildes *f(x,y)*

$$g(x,y) = f(x,y) * h(x,y) \qquad (2.14)$$

mit der Point-Spread-Funktion

$$h(x,y) = \frac{1}{|(x,y)|}. \qquad (2.15)$$

Auf Grund des Aufbaus von *h(x,y)* zeigt sich, dass beim Rückschmieren der gemessenen Funktion, einzelne Punkte nicht wieder exakt abgebildet werden, sondern die Dichte des Punktes langsam nach außen hin abnimmt. Dies ist in Abbildung 2.3 zu sehen. Durch diese langsame Dichteabnahme nach außen hin, werden die Kanten der Objekte unscharf. Um dies zu vermeiden, muss eine Filterung eingeführt werden. Es entsteht die sogenannte gefilterte Rückprojektion, die als Standard für die moderne Rekonstruktion gilt [4].

Gefilterte Rückprojektion

Mit der gefilterte Rückprojektion wird das Ziel verfolgt, die Objektfunktion *f(x,y)* direkt aus den aufgenommenen Projektionen zu gewinnen. Ausgehend von dem oben näher beschriebenen Fourier-Slice-Theorem lässt sich durch eine Substitution der Variablen u und v wie in (2.9) und (2.10) die inverse Fouriertransformation aus (2.6) erreichen. Durch den Wechsel der Integrationsvariablen ergibt sich außerdem du dy=$|q|$ dq dϑ, sodass man

$$f(x,y) = \int_0^{\pi} \mathrm{d}\vartheta \int_{-\infty}^{\infty} |q|P(q,\vartheta) \cdot e^{2\pi i q\xi}\mathrm{d}q \qquad (2.16)$$

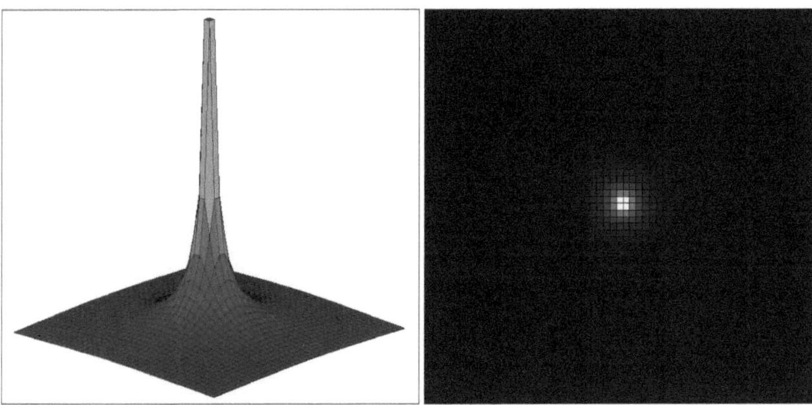

Abbildung 2.3: Dargestellt sind der 3D-Plot (links) und ein 2D-Plot der Point-Spread-Function (rechts). Es ist besonders rechts gut zu sehen, wie die Intensität nur langsam nach außen hin abnimmt und es so zu Unschärfen kommt.

mit $\xi = x\cos(\vartheta) + y\sin(\vartheta)$ erhält.
Mit Hilfe des Faltungssatz für Fouriertransformierte, der besagt, dass die Faltung zweier Funktionen im Ortsraum der Multiplikation im Fourierraum enstpricht, kann (2.16) als Faltung der Projektionen $p(\vartheta,\xi)$ mit der inversen Fouriertransformation des Rampfilters $|u|$ ausgedrückt werden. Es ergibt sich

$$f(x,y) = \int\limits_0^\pi \mathrm{d}\vartheta\, p(\vartheta,\xi) * k(\xi) \tag{2.17}$$

mit dem Faltungskern

$$k(\xi) = \int |q| e^{2\pi i q\xi}\mathrm{d}q = \frac{-1}{2\pi^2\xi^2}\ . \tag{2.18}$$

Das bedeutet, um das ursprüngliche Objekt zu rekonstruieren, müssen die Projektionsdaten für jeden Winkel ϑ mit dem Kern gefaltet werden und anschließend entlang von ξ über alle ϑ aufintegriert werden. Es ergibt sich der Wert des Pixels an *(x,y)*. Erfolgt dies für alle Pixel, ergibt sich das gesuchte, ursprüngliche Bild des Objektes [11].

Rekonstruktion in Fächerstrahlgeometrie

Die Fächerstrahlgeometrie findet heute in allen modernen CT-Geräten ihre Anwendung. So auch innerhalb der Datenakquirierung bei der realen Messung in Kapitel 4, sodass die Besonderheiten in Hinsicht der Rekonstruktionen hier kurz erläutert werden. Bei der Positionsänderung des zu untersuchenden Objektes während des CT-Scan ist es nicht möglich die Fächerstrahlprojektionen in Parallelprojektionen umzurechnen, da dies eine Umsortierung der Projektionswerte aus verschiedenen Projektionswinkeln erfordert. Ausgangspunkt ist Gleichung (2.16) in Parallelstrahlgeometrie. Mit Hilfe dieser Gleichung soll auf die Rückprojekton $f(r,\delta)$ in Fächerstrahlgeometrie geschlossen werden. r entspricht dem Abstand eines beliebigen Punkts $\boldsymbol{r}$ vom Drehzentrum und δ den Winkel, den $\boldsymbol{r}$ und die X-Achse einschließen, was in Abbildung 2.4 dargestellt ist.
Anders als in Parallelstrahlgeometrie werden die Projektionen als $\phi(\theta,\zeta)$ angegeben. θ entspricht dem Projektionswinkel der Fächergeometrie und ζ der Detektorbogenlänge. Diese Projektionen

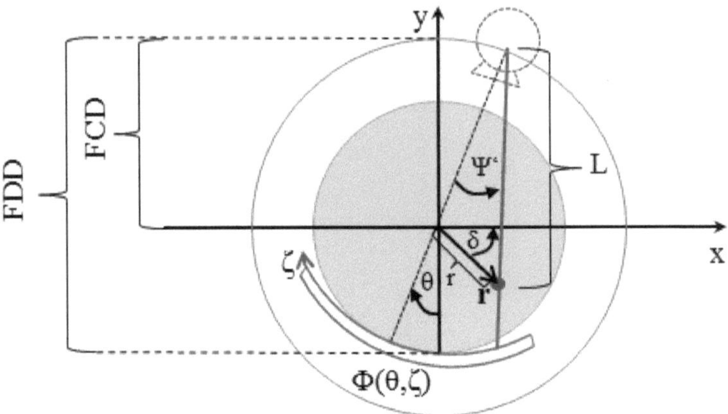

Abbildung 2.4: Die Verhältnisse der Fächerstrahlgeometrie sind dargestellt (nach [4], S. 223). Die rote Linie entspricht dem betrachteten Röntgenstrahl.

müssen innerhalb der gefilterten Rückprojektion vorgewichtet werden, sodass sich

$$\phi'(\theta, \psi) = \phi(\theta, FDD\psi)FCDcos(\psi) \tag{2.19}$$

ergibt. Die beiden Variablen FDD und FCD entsprechen dem Fokus-Detektor-Abstand und dem Fokus-Center-Abstand. Danach wird das Projektionssignal analog zur Rückprojektion bei Parallelstrahlgeometrie gefiltert. Dies geschieht mit einem modifizierten Faltungskern

$$k'(\psi) = \frac{1}{2}\left(\frac{\psi}{sin(\psi)}\right)^2 k(\psi). \tag{2.20}$$

Daraus ergibt sich mit Hilfe einer Faltung mit der in Gleichung (2.19) gewonnenen Funktion das Signal

$$h(\theta, \psi) = \phi'(\theta, \psi) * k'(\psi). \tag{2.21}$$

Wird jetzt über 360° eine Rückprojektion ausgeführt und beschreibt L nun den Abstand zwischen der Quelle und dem aktuellen Punkt, ergibt

$$f(r, \delta) = \int_0^{2\pi} \frac{1}{L^2} h(\theta, \psi) d\theta \tag{2.22}$$

die gefilterte Rückprojektion bei Fächerstrahlgeometrie. Vorraussetzung ist ein gebogenes Detektorarray [4].

2.3   Bewegungsartefakte

Generell werden Artefakte definiert als künstlich erzeugte Fehlinterpretationen der erzeugten Messdaten. Dabei können sie entweder sehr große Bereiche des Bildes oder sogar das gesamte Bild betreffen. Die Artefakte können sich angefangen bei einfachen Unschärfen, über Schlieren bis hin zu starken Verwischungen äußern.

Ursachen und Ausprägungen

Die Bewegungen der Patienten führen zu Inkonsistenzen innerhalb der Projektionswerte und verursachen Artefakte [10]. Die Stärke der Artefakte hängt ab von den Schwächungseigenschaften und der temporären Beziehung zwischen der Datenaufnahme und den Bewegungseigenschaften, sodass eine generelle Aussage über das Ausmaß der Bewegungsartefakte schwierig ist [20]. Jedoch scheinen die Artefakte rigider Transformationen additiver Form zu sein [19], d.h. viele Bewegungen führen auch zu mehr Artefakten.

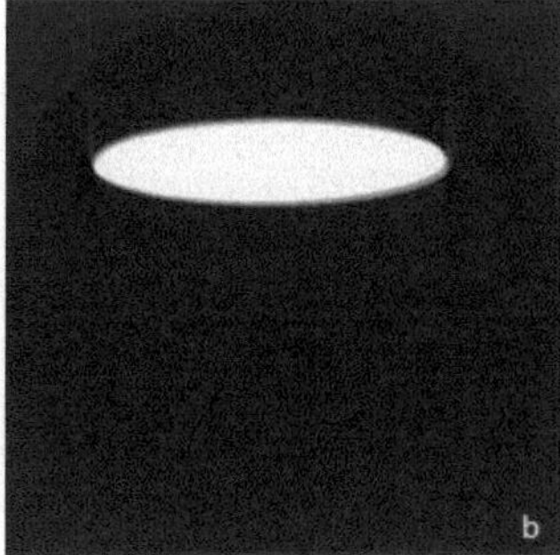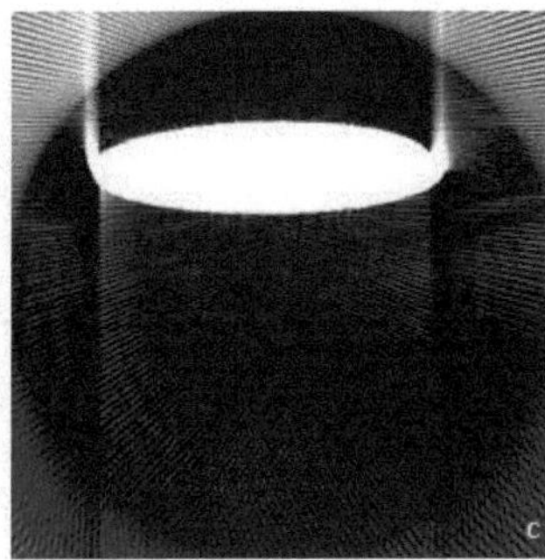

Abbildung 2.5: a) Originalbild b) Bewegungsartefakte im Bild: Verwischung der Kanten gut zu erkennen. c) Enspricht Bild b) mit anderer Fensterung: Die Streifen sind deutlich zu sehen.

Die Artefakte können verschiedene Ausprägungen annehmen. Ein häufig beobachtetes Phänomen sind weitreichende Schlieren im gesamten Bild. Diese entstehen häufig an Kanten mit einem sehr hohem Kontrast [3]. Hier gibt es unterschiedliche Effekte. Bei kleinen Bewegungen sind die Konturen nur leicht verschoben, wie in Abbildung 2.5 (b), sodass es zu Verschmierungen der Kanten kommt, die dazu führen, dass das Bild eine gewisse Unschärfe erhält. Bei größeren Bewegungen kann es sogar zu mehrfach Konturen oder Doppel-Bildern kommen. Diese beeinflussen die Bildqualität deutlich. Durch die mangelnde Bildqualität wird vorallem die diagnostische Aussagekraft eingeschränkt, wodurch es zu falschen Diagnosen kommen kann [10].
Außerdem lassen die Hochkontrastkanten Schlieren an den äußeren Stellen des Objektes entstehen. Diese Streifen-Artefakte haben ein typisches "Hell-Dunkel-Muster", was durch die gefilterte Rückprojektion entsteht und durch einen stärkeren Bildkontrast in Abbildung 2.5 (c) deutlich zu erkennen ist. Werden Projektionen auf Basis eines sehr dichten Punktes gewonnen und anschließend gefiltert zurückprojiziert, entsteht bei der Rückprojektion von einer Projektion ein Streifen mit hoher Dichte. Drumherum ergeben sich Regionen mit einer weniger hohen Dichte. Bei der konsistenten Datenakquirierung stellt das kein Problem dar, da sich die positiven und negativen Werte aufheben und so ein Bild nah am Original entsteht. Bei einer Bewegung heben sich diese jedoch nicht mehr ausreichend auf, sodass die kleinen Werte in der oberen Hälfte und die großen in der unteren Hälfte erhalten bleiben [19].
Insgesamt zeigt sich, dass Bewegungsartefakte die Hauptursache für die Verschlechterung der Bildqualität sind [20]. Es wäre deshalb erstrebenswert, eine Reduktion der Bewegung des Patienten, um die Bewegungen kompensieren zu können, zu erreichen. Im folgenden Abschnitt werden dazu einige Verfahren vorgestellt.

Verfahren zur Reduktion von Bewegungsartefakten

Die genutzten Verfahren zur Kompensation der Bewegungsartefakte sind vielfältig und haben die verschiedensten Ansätze. Dabei werden vor allem Methoden verwendet, die in der Nachbearbeitung anzusiedeln sind. Es wird also der gesamte Datensatz aufgenommen und erst im Nachhinein werden die Bewegungen korrigiert.
Es existieren Vorgehensweisen, die versuchen die Bewegung des Patienten aufzunehmen. Ein Beispiel dafür sind Tracking-Systeme mit Infrarot-Strahlung. Mit Hilfe des Tracking-Systems werden Daten aufgenommen, die die Bewegung des Patienten genau beschreiben. Mit Hilfe dieser Bewegungsparameter können die Sinogramme korrigiert werden, wenn die Aufnahme der CT-Daten und Aufnahme des Trackings-Systems synchronisiert sind. Dieses Verfahren zeigte Erfolge nicht nur bei abrupten Bewegungen, sondern auch bei weichen, kontinuierlichen Bewegungen. Insgesamt handelt es sich um ein Verfahren, welches hardwarebasiert arbeitet [20].
Außerdem ist es möglich die Bewegungen direkt im Sinogramm zu detektieren und zu kompensieren, da auch das Sinogramm die Bewegungsinformationen enthält. Die Bewegungsdetektion findet dort mit Hilfe von dichten Knotenpunkten statt, die im Sinogramm Spuren hinterlassen und so verfolgt werden können. Die Sinogramm-Daten können dann neu skaliert und interpoliert werden um die Bewegung zu entfernen. Danach findet die gefilterte Rückprojektion statt. Dazu sind jedoch verschiedene Annahmen nötig. Die Skalierungsfunktionen sollen unbekannt sein und aus dem Sinogramm entwickelt werden. Zusätzlich benötigt man mindestens zwei Kontenpunkte die deutlich dichter sind als ihre Umgebung, um die Skalierungsfunktionen entwickeln zu können, wobei ihre Positionen unbekannt sind. Ihre Spur ist jedoch deutlich im Sinogramm zu sehen, welches ohne Bewegung einen deutlichen Sinusoid darstellt [14].
In der Forschung kommen auch Verfahren zum Einsatz, die die Bewegung als gegeben ansehen. So werden Vektorfelder genutzt, die die Bewegung beschreiben. Diese Vektorfelder entstehen beispielsweise durch Bewegungssimulation, besonders bei zyklischen Bewegungen wie sie beim Herzen oder Arterien auftreten. Die Bewegungskorrektur wird durch Shiften der Voxel auf Basis des Vektorfeldes erreicht und geschieht während der gefilterten Rückprojektion. Die Berechnung der Kompensation erfolgt mit Hilfe eines Vergleichs zwischen Vektorfeld des Objektes in Bewegung und in Ruhe. Außerdem wird das Vektorfeld passend zur Bewegungsphase des Objektes gewichtet [16].
Weitere softwarebasierte Möglichkeiten der Artefaktkompensation stellen die iterativen Verfahren. Hierbei werden die mit Artefakten behafteten Schnittbilder wieder vorwärtsprojiziert und mit den gemessenen Sinogrammen verglichen. Sind die reprojizierten und die gemessenen Sinogramm gleich, erfolgte keine Bewegung. Unterscheiden sich die Sinogramme hat eine Bewegung stattgefunden. Um diese nun zu kompensieren wird eine iterative Methode eingeführt, die den reprojizierten Datensatz an den gemessenen angleicht. Dies wird so häufig durchgeführt bis der Unterschied beispielsweise kleiner als 0.1 Pixel ist [13].
Ein Parameter, der in der Vergangenheit für eine deutliche Reduktion der Bewegungsartefakte gesorgt hat, ist die Gantrygeschwindigkeit. Wird die Geschwindigkeit der Gantry erhöht, werden die Bewegungsmöglichkeiten der Patienten eingeschränkt. Bei Gantryumdrehungen von unter 0.3 s werden große Bewegungen ausgeschlossen [20]. Hinzu kommt gerade im Bereich des Kopfes die Möglichkeit der externen Fixierung mit Hilfe von Kopfstützen und anderen Lagerungshilfen.

2.4 Mathematische Grundlagen

Rigide Transformationen

Die in dieser Arbeit vorgestellt Methode nutzt rigide Transformationen zur Reduktion von Bewegungsartefakten. Dabei wird das gegebene Bild mit Hilfe von Koordinatentransformationen translatiert und rotiert. Der geometrische Operator, der diese Transformation ausführt, kann durch die Angabe einer Koordinatentransformation bezüglich der auszuführenden Bildpunktzuordnung definiert werden. Es gilt das Schema

$$h(x, y, z) = f(K(x, y, z)) \qquad (2.23)$$

mit der Abbildung K, dem Resultat h und der Eingabe f. Insgesamt stellt es die Rückwärtstransformation dar. Entsprechend gilt für die Vorwärtstransformation

$$f(x, y, z) = h(K^{-1}(x, y, z)). \qquad (2.24)$$

Die transformierten Koordinaten $K(x,y,z)$ bilden so im Bild f eine lineare Kombination der Bildpunktkoordinaten (x,y,z) im Bild h. Allgemein können rigide Transformationen als

$$K\begin{pmatrix} x \\ y \\ z \end{pmatrix} = \begin{pmatrix} r_{11} & r_{12} & r_{13} \\ r_{21} & r_{22} & r_{23} \\ r_{31} & r_{32} & r_{33} \end{pmatrix} \cdot \begin{pmatrix} x \\ y \\ z \end{pmatrix} + \begin{pmatrix} s_x \\ s_y \\ s_z \end{pmatrix} \qquad (2.25)$$

definiert werden [8].
$(s_x, s_y, s_z)^T$ beschreibt den Translationsvektor und die Matrix $\mathbf{R} = (r_{i,j})_{i,j=1,...,3}$ die Rotation. Für die Rotation in X,Y-Ebene mit dem Drehwinkel γ, dem Koordinatenursprung als Rotationszentrum und gegen den Uhrzeigersinn ergibt sich [12]:

$$\mathbf{R} = \begin{pmatrix} cos(\gamma) & -sin(\gamma) & 0 \\ sin(\gamma) & .cos(\gamma) & 0 \\ 0 & 0 & 1 \end{pmatrix} \qquad (2.26)$$

Optimierung

Das Ziel einer Optimierung ist das Finden eines optimalen $x^* \in D$, mit dem Definitionsbereich D, sodass $f(x^*) = \min_{x \in D} f(x)$. Es wird bei der Optimierung zwischen globalen und lokalen Optimierungsproblemen unterschieden. Für das globale Minimum gilt

$$f(x) \leqslant f(y) \ \forall y \in X, \qquad (2.27)$$

wobei X der zulässige Bereich ist. Das lokale Minimum

$$f(x) \leqslant f(y) \ \forall y \in X \cap Bc(x) \qquad (2.28)$$

ist auf einen Bereich $Bc(x)$ innerhalb von X beschränkt [1].
Die Zielfunktion $f(x)$ sollte idealer Weise endlich-dimensional, kontinuierlich, glatt und konvex sein, damit das globale Optimum gefunden werden kann.

3 Material und Methoden

Dieses Kapitel beschreibt das Material und erklärt die Methoden, die innerhalb dieser Arbeit genutzt werden. Zuerst wird das verwendete Bildmaterial im Abschnitt 3.1 kurz vorgestellt. Es folgt die Simulation von abrupter, rigider Bewegung, sowie kontinuierlicher, rigider Bewegung in den Abschnitten 3.2 und 3.3. Ein weiterer zentraler Bestandteil der Arbeit ist die Rekonstruktion mit Bewegungskompensation bei bekannten Bewegungsparametern in Abschnitt 3.4. Es folgt in Teil 3.5 die Bestimmung der Bewegungsparameter durch Minimierung einer Zielfunktion, die mit der Stärke der Artefakte korreliert. Abschließend wird der Versuchsaufbau einer realen Computertomographie Messung in Abschnitt 3.6 gezeigt. Die Simulationen, Rekonstruktionen und Optimierungen wurden mit MATLAB® erstellt.

3.1 Verwendetes Bildmaterial

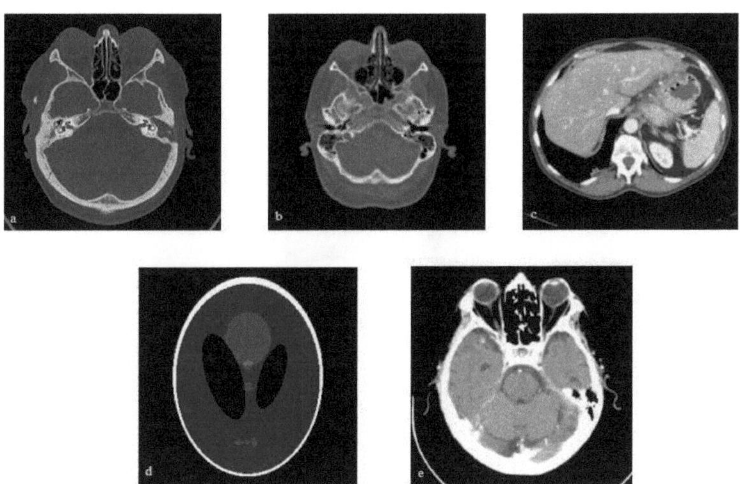

Abbildung 3.1: Zur Evaluation der eingeführten Methode wurden drei Kopfaufnahmen (a,b und e) genutzt, eine Aufnahme des Abdomes (c) und ein Shepp-Logan Phantom (d).

In den folgenden Abschnitten werden verschiedene Bilder genutzt. Verwendet wurden drei unterschiedliche Aufnahmen des Kopfes, eine Aufnahme des Abdomens, sowie ein simuliertes Kopf-Phantom. Bei dem Phantom handelt es sich um eine Variante des „Shepp-Logan-Phantoms", welches mit MATLAB® erstellt wurde. Zu sehen sind die Aufnahmen in Abbildung 3.1.

3.2 Simulation von abrupter rigider Bewegung

Die simulierte Bewegung soll sich auf die rigide Bewegung beschränken. Dazu werden Translationen und Rotationen in X,Y-Richtung simuliert. Die Z-Richtung bleibt dabei konstant, woraus sich 2-dimensionale Verschiebungen ergeben.

Um eine Bewegung des Bildes zu erreichen, muss ein Gitter der Größe des Bildes erzeugt werden. Der Nullpunkt des Gitters sollte, damit das Bild um den Mittelpunkt rotiert, mit dem Mittelpunkt des Bildes übereinstimmen. Die Gitterkoordinaten werden wie in Gleichung (2.25) transformiert. Der Vektor $(s_x, s_y, s_z)^T$ beschreibt die Translation, die Matrix R die Rotation. Auf das verschobene Gitter wird dann das Bild interpoliert. Dafür stehen verschiedene Methoden, wie die lineare Interpolation oder die Nearest-Neighbor-Interpolation, zur Verfügung. Für die Translation gilt, falls $s>0$ wird das Bild nach links verschoben und wenn $s<0$ nach rechts verschoben. Die Rotation erfolgt, wie schon in Abschnitt 2.4 erwähnt, gegen den Uhrzeigersinn. Werte, die sich durch die Transformation außerhalb des Field of Views befinden, werden auf Null gesetzt.

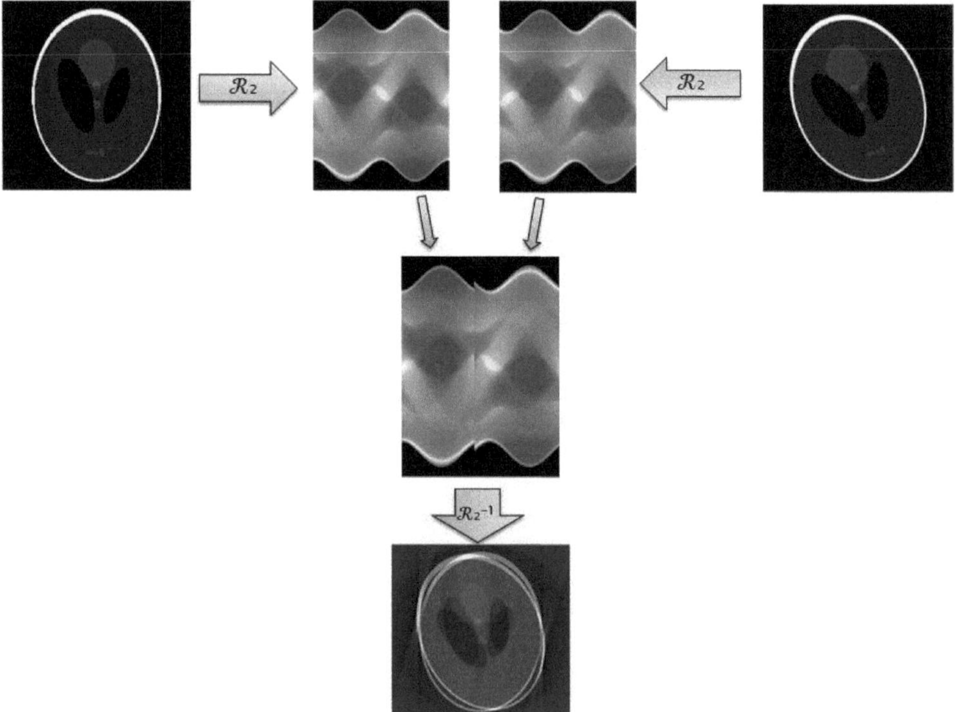

Abbildung 3.2: Es wird die Fusion der Sinogramme dargestellt. Aus dem Ausgangsbild (links) und dem um 10° rotierten Bild (rechts) werden zwei Sinogramme erzeugt, die zusammengesetzt werden und so eine Aufnahme mit Bewegungsartefakten ergeben (unten).

Eine zweite bereits in MATLAB® implementierte Methode ist „ imwarp() ". Diese nutzt auch die geometrische Transformation. Dazu müssen vorher mit Hilfe von „affine2d()" und „imref2d()"

eine Transformationsmatrix, wie in Gleichung (2.26), und ein räumliches Referenzierungsobjekt erzeugt werden. Die gewünschte Interpolationsmethode kann verändert werden. Diese Methode benutzt das gleiche Verfahren wie oben beschrieben.

Nach der Koordinatentranformation wird mit Hilfe eines Raycasting Algorithmus das Sinogramm erstellt und die Sinogramme des Ausgangsbildes und des transformierten Bildes werden, wie in Abbildung 3.2, zusammengefügt. Der Algorithmus ist in C programmiert und in MAT-LAB® eingebunden. Außerdem ist es möglich, mehrere abrupte Bewegungen in einem Bild unterzubringen. Dazu werden mehrere tranformierte Bilder und die dazugehörigen Sinogramme erzeugt. Diese können dann beliebig, wie in Abbildung 3.3 zu sehen, zusammengefügt werden. Die mit Artefakten behafteten Bilder werden mit Hilfe der gefilterten Rückprojektion erzeugt.

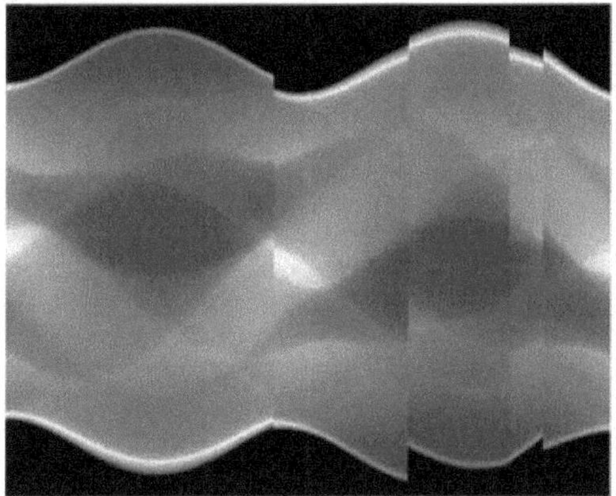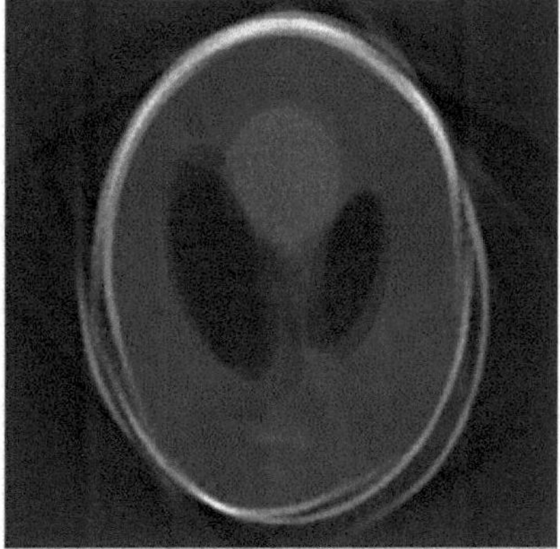

Abbildung 3.3: Darstellung eines Phantoms mit Bewegungsartefakten (rechts) und dem dazugehörigen Sinogramm (links). Es wurden 4 Bewegungen vorgenommen mit den Parametern $\mathbf{x} = \mathbf{y} = (-5.3 \text{ Pixel}, 3.1 \text{ Pixel}, -6.63 \text{ Pixel}, 7.27 \text{ Pixel})^T$ und $\mathbf{rot} = (10.35°, -7.55°, 3.7°, -8.16°)^T$ nach den Projektionswinkeln 160°, 240°, 300° und 320°.

3.3 Simulation einer kontinuierlichen rigiden Bewegung

Eine kontinuierliche Bewegung zu simulieren ist generell mit den in Abschnitt 3.2 beschriebenen Methoden möglich. Jedoch sind kontinuierliche Bewegungen deutlich aufwändiger, da für jede aufgenommene Projektion drei Bewegungsparameter existieren müssen. Zwei Parameter für die Translation in X- und Y-Richtung, sowie ein Parameter für den Rotationswinkel des Bildes. Das heißt jede einzelne Projektionsschicht entsteht dadurch, dass das Ausgangsbild immer wieder mit den oben gegebenen Methoden verschoben und rotiert wird. Um eine Simulation einer möglichst realitätsnahen, kontinuierlichen Bewegung zu erzielen, sollte die simulierte Bewegung fließend sein. Eine Möglichkeit dazu ist, die Bewegung als drei Bewegungsfunktionen $b_x(t)$, $b_y(t)$ und $b_{rot}(t)$ zu definieren. Mit Hilfe der Funktionen lassen sich die Translation und Rotation zu einem bestimmten Zeitpunkt der CT-Aufnahme berechnen. Diese Bewegungsfunktionen können verschiedene Ausprägungen haben. Innerhalb dieser Arbeit werden Polynome verschiedenen Grades genutzt. Allgemein gilt für die Bewegungsfunktionen $b(t)$

$$b(t) = \sum_{i=1}^{n} a_i t^i = a_1 t^1 + a_2 t^2 + \dots + a_{n-1} t^{n-1} + a_n t^n \tag{3.1}$$

mit $t \in [0,1]$ und $n \geq 0$. Mit Hilfe dieser Funktion reicht es $3(n\text{-}1)$ Parameter anzugeben, wodurch ein Bewegungsarray erstellt werden kann, welches die Bewegungsparameter für die kontinuierliche Bewegung enthält.

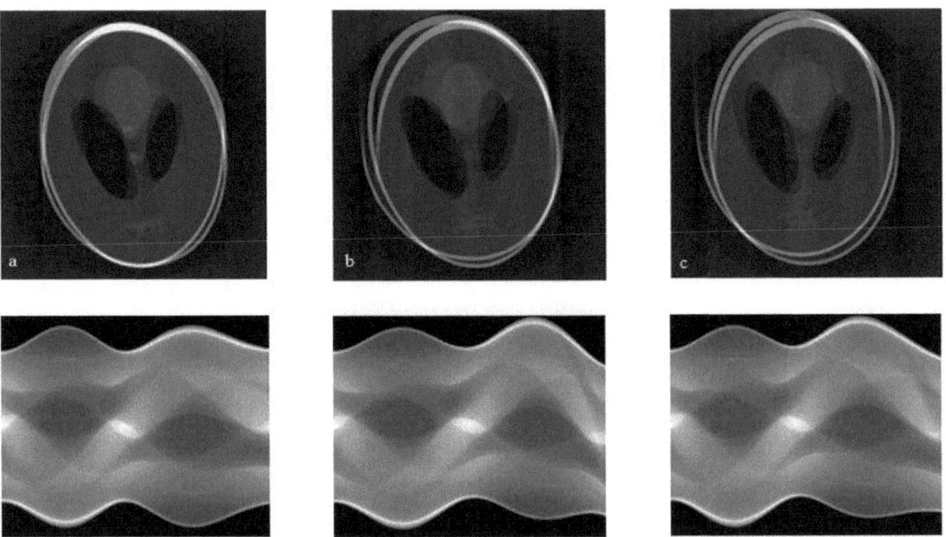

Abbildung 3.4: Zu sehen sind die durch kontinuierliche Bewegung entstandenen Sinogramme und Bilder. Die Parameter betragen für die Translation in X- und Y-Richtung $m_1 = 2$, $m_2 = -0.56$, $m_3 = 27.2$, $m_4 = 4.8$ für die Rotation $m_1 = -80$, $m_2 = 19.3$, $m_3 = 39.3$, $m_4 = 17.4$. Es ist zu beachten dass $t \in [0,1]$. a) zeigt die Aufnahme bei einer kontinuierlichen Rotation. Die kontinuierliche Translation wird in b) gezeigt. Und beide Bewegungen gleichzeitig werden in c) dargestellt.

Die Bewegungsparameter werden dazu eingesetzt, die Ausgangsaufnahme entsprechend der Parameter zu verschieben. Durch Vorwärtsprojektion entstehen Sinogramme, die im Unterschied zu den Sinogrammen in Abbildung 3.2 und 3.3 keine deutlich erkennbaren Sprungstellen haben. Sie sind fließend, jedoch ist die Amplitude der Sinuskurven an bestimmten Stellen verändert. Die Veränderung der Amplitude begründet sich in der Translation. Entfernt die Translation das Objekt weiter vom Mittelpunkt, vergrößert sich die Amplitude. Sie verkleinert sich jedoch, falls das Objekt näher in den Mittelpunkt gerückt wird. Außerdem kann durch die Rotation eine unregelmäßige Phase entstehen. Der ideale Sinusoid wird verändert. Dies lässt sich in Abbildung 3.4 erkennen. Zudem werden dort die Rekonstruktionen mit Artefakten dargestellt, die durch die simulierten, kontinuierlichen Bewegungen entstanden sind.

3.4 Simulation von Rauschen

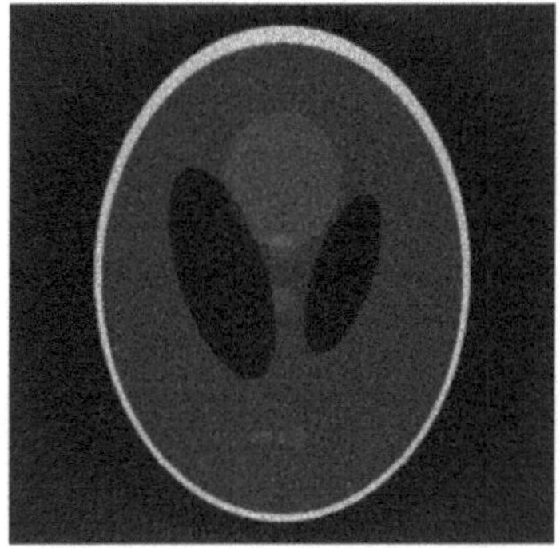 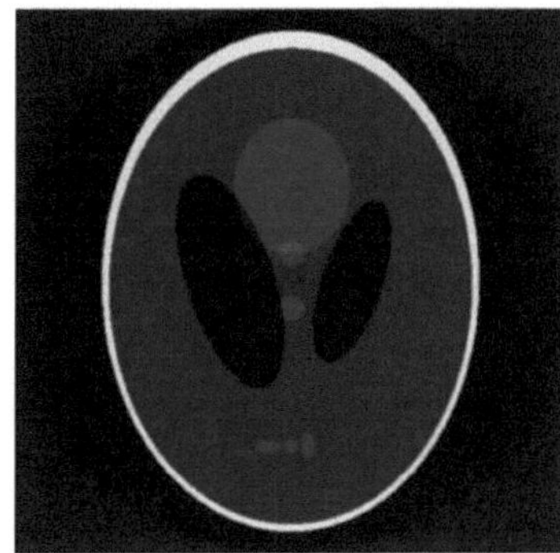

Abbildung 3.5: Darstellung der mit Rauschen behafteten Phantome. Es wird Gauss-verteiltes Rauschen appliziert(links) und Poisson-verteiltes Rauschen (rechts).

Rauschen ist bei Aufnahmen innerhalb der Computertomographie ein ständiger Begleiter. Man unterscheidet zwischen dem Quantenrauschen, welches durch stochastische Schwankungen bei Streuung und Absorption der Röntgenstrahlung entsteht und dem Detektorrauschen. Das Quantenrauschen ist linear proportional zur Intensität und äußert sich als additives Rauschen. Bei dem Detektorrauschen handelt es sich um thermisches Rauschen, welches unabhängig von der Belichtung ist. Eingedämmt wird das Problem durch eine Erhöhung der Anzahl der Projektionen und durch geschicktes Wählen der Filterfunktion innerhalb der gefilterten Rückprojektion. Außerdem kann das Rauschen auf Grund des linearen Zusammenhangs auch durch die Intensität der Röntgenstrahlung bestimmt werden, also durch den Strom und die Größe der Detektorelemente. Das künstliche Rauschen kann unterschiedlich simuliert werden. Das Photonenrauschen ist poissonverteilt, wohingegen das Detektorrauschen gaußverteilt ist. Mit Hilfe der MATLAB®-Funktion „ imnoise() " können diese Rauscharten appliziert werden. Das Possoin-Rauschen zeigt dabei nur sehr geringe Abweichungen. Im Gegensatz dazu führt das Gauß-Rauschen, welches in dieser Simulation appliziert wird, zu einem sehr starken Rauschanteil im Bild. Auf jede Projektionsschicht wird ein Gauß-Rauschen mit einem Mittelwert von 0 und einer Varianz 0.0001 addiert. Das Rauschen ist in Abbildung 3.5 dargestellt.

3.5 Rekonstruktion mit Bewegungskompensation

Um die Bilder aus den Sinogrammen zu rekonstruieren, muss eine Rückprojektion stattfinden. In den Abbildungen 3.2, 3.3 und 3.4 sind gefilterte Rückprojektionen zu erkennen, die direkt auf das mit Inkonsistenzen behaftete Sinogramm angewendet worden sind. Dadurch entstehen Bewegungsartefakte in den Rekonstruktionen. Diese Bewegungsartefakte können verhindert werden, indem die vorher ausgeführten, simulierten Bewegungen während der Rekonstruktion kompensiert werden. Dies kann mit Hilfe von entgegengesetzten, rigiden Transformationen geschehen, zu den jeweiligen Bewegungszeitpunkten. Die Zeitpunkte der Bewegung werden in dem folgenden Abschnitt als bekannt vorausgesetzt.

Bei der Kompensation von Bewegungen muss zwischen der abrupten rigiden Bewegungen mit bekannten Bewegungszeitpunkten und der kontinuierlichen rigiden Bewegung unterschieden

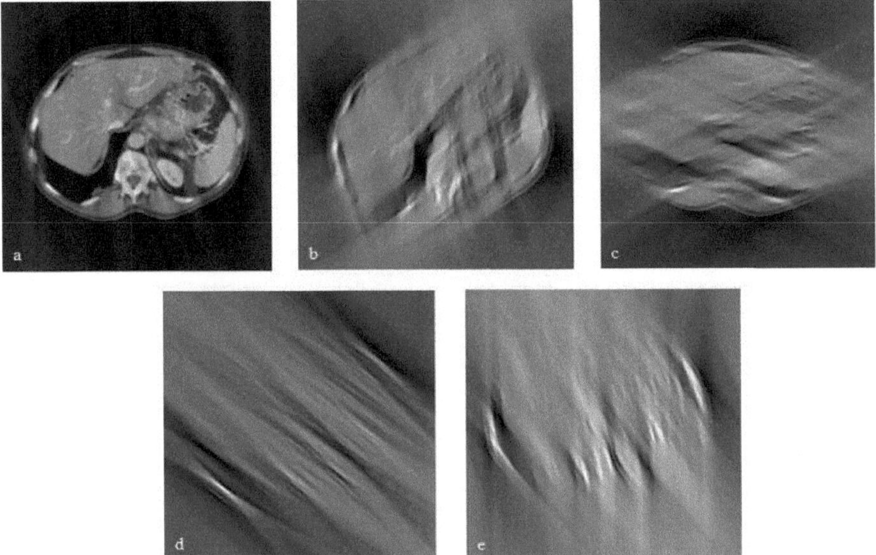

Abbildung 3.6: Es sind die Teilrekonstruktionen eines Abdomens zu sehen. Dabei wurden folgende Projektionswinkel und Parameter genutzt: a) $\vartheta=$ 0°-159°, keine Bewegung, b)$\vartheta=$ 160° − 239°, Bewegungsparameter $x=y=$ −5.3 Pixel *rot*= 10.35°, c)$\vartheta=$ 240° − 299°, Bewegungsparameter $x=y=$ 3.1 Pixel *rot*= −7.55°, d)$\vartheta=$ 300° − 319°, Bewegungsparameter $x=y=$ −6.63 Pixel *rot*= 3.75°, e)$\vartheta=$ 320° − 359°, Bewegungsparameter $x=y=$ 7.27 Pixel *rot*= −8.16°

werden. Bei der abrupten Bewegung können auf Grund des Vorwissens über die Zeitpunkte der Bewegung Teilrekonstruktionen erzeugt werden. Dieses Wissen kann beispielsweise mit verschiedenen Methoden zur Bewegungsdetektion erlangt werden [7]. Um die Teilrekonstruktionen zu erzeugen, werden alle Projektionen in einem Zeitraum ohne Bewegung genutzt und mit der gefilterten Rückprojektion rekonstruiert. Daraus ergeben sich verschwommene Aufnahmen wie in Abbildung 3.6. Diese Rekonstruktionen können dann, entgegengesetzt der ursprünglichen Bewegung des Objektes gegeneinander verschoben und rotiert werden. Durch einfache Addition der Teilrekonstruktionen wird das Gesamtbild ohne Artefakte erzeugt.

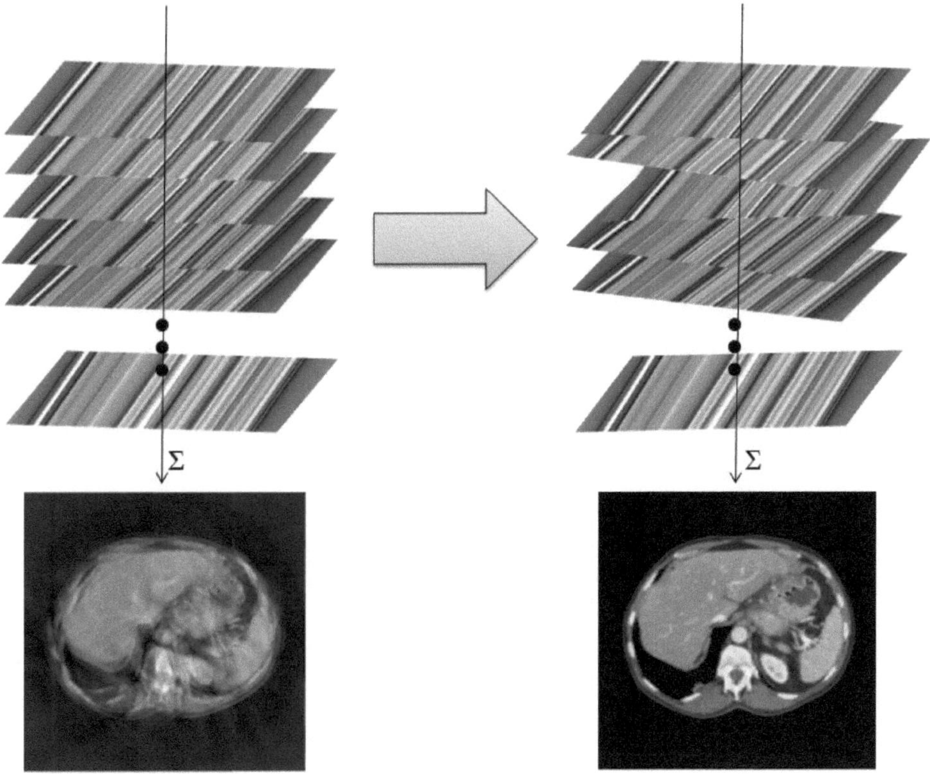

Abbildung 3.7: Kompensation der kontinuierlichen Bewegung: Die einzelnen Projektionsschichten werden gegeneinander verschoben und rotiert, sodass ein Bild nahezu ohne Artefakte entsteht.

Bei den kontinuierlichen Bewegungen können keine bewegungsfreien Abschnitte erzeugt werden, da eine ständige Bewegung stattfindet. Dadurch muss jede einzelne Projektionsschicht zurückprojiziert und entgegengesetzt zur Bewegung des Objektes zum Aufnahmezeitpunkt transformiert werden. Das beschriebene Verfahren wird in Abbildung 3.7 verdeutlicht. So werden die Artefakte im Bild reduziert.

3.5.1 Gewichtungsfunktion

Die Rotation der Teilrekonstruktionen ist mit Schwierigkeiten verbunden. Um das Bild korrekt mit Hilfe der gefilterten Rückprojektion rekonstruieren zu können, werden Abtastungen in äquidistanten Winkeln benötigt. Rotierende Bewegungen in X,Y-Richtung führen jedoch zu nicht äquidistanten Winkeln, da durch die Bewegungen die Winkel unterschiedlich abgetastet werden. Dieses Problem ist in Abbildung 3.8 verdeutlicht. Es sind nach einer Rotation um ϑ während der Aufnahme, sowohl eine Überabtastung, als auch eine Unterabtastung zu erkennen.

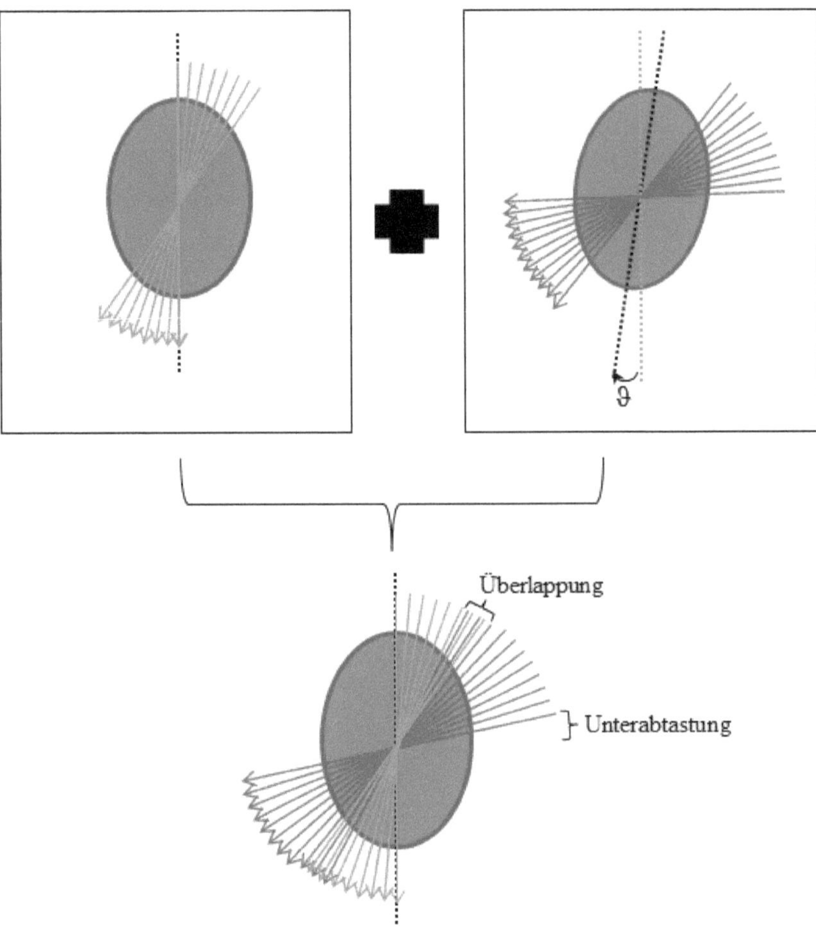

Abbildung 3.8: Darstellung der Probleme bei der Rotation. Durch die Rotation des Objektes um ϑ kommt es bei der Fusion der Projektionsdaten zu unterschiedlichen Winkelabständen.

Deshalb muss das gemessene Sinogramm, bevor es zur Rekonstruktion verwendet werden kann, mit einer Gewichtungsfunktion multipliziert werden. Diese Gewichtungsfunktion kann bei bekannten Bewegungszeitpunkten auf Grund der Winkelangaben einfach berechnet werden. Um die gesuchten Bilder in Parallelstrahlgeometrie artefaktfrei zu rekonstruieren, werden mindestens 180° abgetastet, das heißt bei einer Bewegungen von 10° muss mindestens 190° abgetastet werden, um diese Bedingung zu erfüllen. Dabei sind gegenüberliegende Projektionen wie 85° und 265° als gleich anzusehen. Bei eingeschränkten Winkelbereichen treten zusätzliche Artefakte auf. Für die mathematische Betrachtung der Gewichtung wird vorausgesetzt, dass $0 \leq \vartheta_1 \leq \vartheta_2 \leq ... \leq \vartheta_n < 180$ für alle Projektionenswinkel ϑ_i gilt. Dies kann durch eine Modulooperation gewährleistet werden. Die Gewichtungsfunktion $w(\vartheta_i)$ kann dann als

$$w(\vartheta_i) = \begin{cases} \frac{180-\vartheta_N+\vartheta_2}{2n_i}, & \text{falls } i = 1 \\ \frac{\vartheta_{i+1}-\vartheta_{i-1}}{2n_i}, & \text{falls } i = 2, ..., N-1 \\ \frac{180-\vartheta_{N-1}+\vartheta_1}{2n_i}, & \text{falls } i = N \end{cases} \tag{3.2}$$

definiert werden. Dabei entspricht n_i der Mächtigkeit der Menge $\{\vartheta_j | \vartheta_j \in M \wedge \vartheta_j = \vartheta_i\}$. Dies bedeutet, dass die Projektion, die unter dem Winkel ϑ_i aufgenommmen wurde, mit dem mittleren Abstand zum nächstkleineren und nächstgrößeren Projektionswinkel gewichtet wird. Die mehrfache Aufnahme unter demselben Winkel wird durch den Faktor n_i gewichtet.

Der Algortihmus, welcher die Erzeugung der Gewichtungsfunktion beschreibt, ist in Abbildung 3.9 dargestellt.

```
Data: int angle [ ]
Result: int weight [ ]
weight=zeros(1,length(angle));
degree_180=sort(mod(angles,180));
for i= 1: length(angle) do
    ang = mod(angle(i),180);
    ang = find(degree_180 == ang);
    lengthAng = length(ang);
    if lengthAng >1 then
        ang_1 = ang(1);
        ang_2 = ang(end);
    else
        ang_1 = ang;
        ang_2 = ang;
    end
    if ang==1 then
        weight(i)=(180 - degree_180(length(degree_180)) + degree_180(ang_2 + 1)/2;
        else if ang_2==length(degree_180) then
            weight(i)=(180 - degree_180(ang_1 - 1) +degree_180(1)/2;
            else
                weight(i)=(angle_180(ang_2+1) - angle_180(ang_1 - 1))/2;
            end
        end
    end
    weight(i)=weight(i)/lengthAng;
end
```

Abbildung 3.9: Algorithmus der Gewichtungsfunktion

Innerhalb einer Schleife wird die Modulooperation durchgeführt und die Werte werden in einer Variable *ang* gespeichert. Danach werden alle Winkel mit gleicher Größe gesucht und ihre

Positionen in *degree*$_{180}$ in *ang* gespeichert. Dann wird die Anfangs- und Endpositionen von *ang* bestimmt und es wird jeweils eine Differenz aus dem Wert nach der Endposition und vor der Anfangsposition berechnet. Dabei gelten Ausnahmen für den Rand der Abfrage. Dieser Wert muss danach durch die Anzahl der gleichen Winkel *lengthAng* geteilt werden. Dies entspricht der Gewichtung.

Bei der kontinuierlichen Bewegung wird die Gewichtungsfunktion ebenfalls genutzt, mit dem Unterschied, dass die abgetasteten Winkel vorher mit Hilfe der Bewegungsfunkton bestimmt werden müssen. Es entstehen gewichtete Sinogramme.

3.6 Bestimmung der Bewegungsparameter durch Optimierung

Die Bewegungsparameter sind bei den ausgeführten Bewegungen im CT häufig unbekannt. Jedoch werden sie innerhalb des im vorherigen Unterkapitel erläuterten Verfahrens benötigt, um die Artefakte im Bild zu reduzieren. Zur Bestimmung der Bewegungsparameter wird eine Zielfunktion, die in Beziehung zur Stärke der Artefakte steht, und ein Startvekotr benötigt. Dieser Startvektor wird mit Hilfe eines Optimierungsalgorithmus so verändert, dass das Optimum der Zielfunktion erreicht wird. Der optimierte Vektor entspricht dann den gesuchten Bewegungsparametern. Die unterschiedlichen, verwendeten Zielfunktionen werden nachfolgend erläutert.

3.6.1 Bestimmung geeigneter Zielfunktionen

Die Bestimmung der Bewegungsparamter erfolgt durch Minimierung der Zielfunktion. Diese Zielfunktionen sollte mit der Stärke Artefakte im Bild korrelieren und konvex sein. Nur so lassen sich diese Zielfunktionen optimieren und eindeutige Parameter mit Hilfe der Optimierung finden. Denn das Optimum der Zielfunktion sollte genau der Rekonstruktion mit den geringsten Bewegungsartefakten entsprechen. Eine weitere Eigenschaft ist, dass die Funktion möglichst glatt sein und keine Sprungstellen besitzen sollte. So ist die Wahrscheinlichkeit bei der Optimierung fälschlicherweise in einem lokalen Optimum abzubrechen, verringert.

Summe negativer Werte

Die erste genutzte Zielfunktion ist die Summe der negativen Werte im Bild. Bei der normalen Rückprojektion entstehen nur positive Werte auf Grund der Faltung mit der Point-Spread-Funktion in Abbildung 2.3. Im Gegensatz dazu entstehen bei der angewendeten gefilterten Rückprojektion auch negative Werte [4]. Diese negativen Werte heben sich bei artefaktfreien Bildern und genügend Projektionsdaten auf, sodass sich nur noch positive Werte ergeben. Inkonsistenzen im Radonraum führen dazu, dass die einzelnen negativen Werte sich nicht mehr kompensieren. Es werden die Parameter bestimmt, bei denen die Summe der negativen Werte am geringsten ist. Für die Summe der negativen Werte gilt

$$N(f) = \sum_{i \in M} f(x_i, y_i), \quad M = \{i \in [0, n] \mid f(x_i, y_i) < 0\} \tag{3.3}$$

mit dem Bildbereich M und $n \geqslant 0$.

Standardabweichung

Die nächste eingesetzte Zielfunktion ist die Standardabweichung. Diese Abweichung ist ein Streumaß, welches die Abweichung vom arithmetischen Mittel misst. Mit Hilfe von Streumaßen kann das Verhalten der Abweichungen von Merkmalsausprägungen innerhalb eines Datensatzes bestimmt werden. Dabei gilt allgemein, dass die beobachteten Merkmale mehr streuen, wenn der Wert des Streuungsmaßes größer wird. Falls das Streuungsmaß also besonders klein ist, sind die beobachteten Werte sehr einheitlich um den Mittelwert verteilt. Das bedeutet für den Fall der Bilddaten, dass die Standardabweichung bei Bildern mit Artefakten kleiner ist. Durch die Artefakte ist das gesamte Bild verschmiert und die Werte einheitlich. Bei Bildern mit wenigen oder keinen Artefakten treten starke Kanten und Kontraste auf, sodass die Abweichungen größer werden. Das Maximum der Standardabweichung wird bei einem artefaktfreien Bild erreicht. Dies resultiert aus der Definiton der Standardabweichung, die als

$$s_n = \sqrt{s_n^2} \tag{3.4}$$

ausgedrückt wird. Dabei gilt für die Varianz s_n^2

$$s_n^2 = \frac{1}{n} \sum_{i=1}^{n} (x_i - \tilde{x}_n)^2, \tag{3.5}$$

mit dem Datensatz $x_1, ..., x_n$, der Anzahl der Daten n und dem arithmetischen Mittel des Datensatzes $\tilde{x}_n$ [6].

Entropie

Die Entropie ist ein Maß aus der Informationstheorie. Innerhalb von Zufallsexperimenten gibt sie die Ungewissheit des Ausgangs dieses Experiments wieder [9]. Die Entropie als Zielfunktion einer Optimierung für die Reduzierung von Bewegungsartefakten wurde bereits in Rohkohl et al. [15] genutzt und diskutiert. Die Autoren konnten zeigen, dass eine Reduktion der Artefakte mit der Entropie als Zielfunktion gelingt. Generell wird die Entropie von den Intensitätsvariationen, wie sie bei Inkonsistenzen der Daten auftreten, erhöht. Definiert ist die Entropie als

$$H(s) = - \sum_{n} P(h,s) \cdot \ln(P(h,s)), \tag{3.6}$$

wobei *P(h,s)* die Wahrscheinlichkeit bezeichnet, dass das Bildpixel s den Hounsfield Wert h besitzt. Diese Wahrscheinlichkeit kann auf verschiedene Arten berechnet werden. Die einfachste Methode beruht auf dem Erstellen eines Histogramms.

3.6.2 Implementierung der Zielfunktion

Auch wenn die implementierten Zielfunktionen auf unterschiedlichen Ansätzen beruhen, sind die vorher durchgeführten Schritte bei allen Varianten gleich. An die Zielfunktionen müssen die bewegungsfreien Abschnitte übergeben werden, die gegeneinander verschoben und rotiert werden sollen. Außerdem wird ein Start-Vektor *v* und eine Variable, die die Zeitpunkte der abrupten Bewegung in Grad enthält, als Übergabeparameter erwartet. Zuerst wird dann mit Hilfe dieser Bewegungszeitpunkte die Winkelverschiebung, die sich durch die Rotationen des Objektes ergeben, berechnet. Mit Hilfe dieser Winkelverschiebungen wird die Gewichtungsfunktion bestimmt. Es wird die Annahme gemacht, dass die erste Teilrekonstruktion keine Bewegung enthält und dementsprechend nicht verschoben wird. Für alle anderen Schichten findet wie in Abschnitt 3.5 eine Rotation und Translation in X-und Y-Richtung statt. Das Ausmaß der Rotation und Translation ist im Vektor *v* angegeben. Außerdem werden Veränderungen außerhalb des Field of Views auf Null gesetzt und somit unterdrückt. Erst im letzten Schritt wird die Implementierung an die gewünschte Zielfunktion angepasst. Im Fall der negativen Werte im Bild werden diese innerhalb einer Schleife aufsummiert und als Rückgabeparameter ausgegeben. Die Standardabweichung wird mit Hilfe der MATLAB®- Funktion „$std()$" bestimmt und kann zurückgegeben werden.

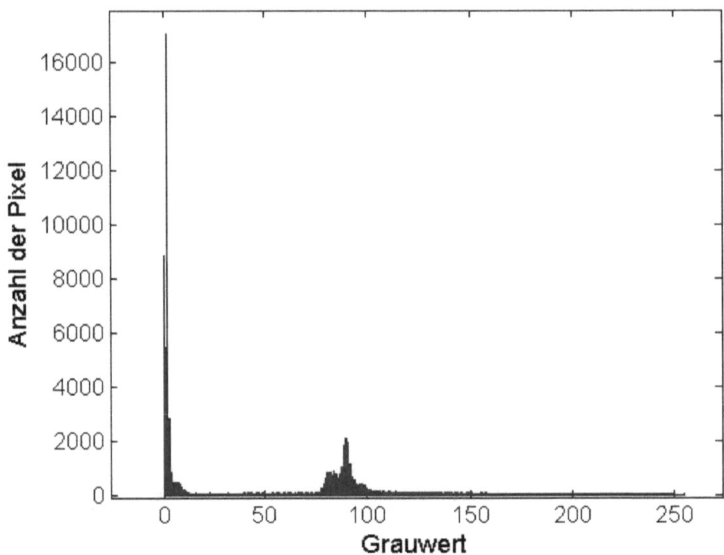

Abbildung 3.10: Darstellung des Histogramms einer Kopf-Aufnahme aus Abbildung 3.1 (b).

Die von MATLAB® gestellte Methode zur Berechnung der Entropie ist nicht geeignet. Sie rechnet mit einer einheitlichen Zahl von Bins, wodurch die Breite der Intervalle des Histogramms nicht uniform ist. Um das zu verändern, muss ein individuelles Binning errechnet werden, sodass die Breite konstant bleibt und sich die Anzahl der Intervalle verändert. Die Intervallbreite entspricht so immer 0.5 Grauwerten. Mit Hilfe der „$hist()$"-Funktion kann ein Histogramm wie in Abbildung 3.10 mit immer gleichmäßigen Intervallen erzeugt werden. Die jeweiligen Pixelzahlen können in einem Array gespeichert werden, welches einfach ausgelesen wird. Dieser Wert muss, solange er sich von Null unterscheidet, durch die Summe aller Pixel geteilt werden, um die Wahrscheinlichkeit für den jeweiligen Grauwert zu erhalten. Diese Wahrscheinlichkeit wird für jeden Grauwert errechnet. Zudem wird der Logarithmus dieses Wertes bestimmt. Die negative Summe ihres Produktes ergibt, wie in Formel (3.6) zu sehen, die Entropie.
Im Kontrast zur oben beschriebenen Implementierung der abrupten Bewegung ergeben sich Änderungen für die für kontinuierliche Bewegungen. Da es sehr aufwendig ist für jede Schicht drei Parameter für die Translation und Rotation zu optimieren, werden die einzelnen Rekonstruktionsschichten so verschoben, wie es die Bewegungsfunktionen $b_x(t)$, $b_y(t)$ und $b_{rot}(t)$, vorgeben. Sie werden durch die Optimierung der einzelnen Koeffizienten a_i aus Gleichung (3.1) bestimmt und ein Polynom vierten Grades wird verwendet. Dadurch müssen, anstatt für jede Schicht Bewegungsparameter zu bestimmten, nur vier Koeffizienten pro Bewegungsart optimiert werden. Der Optimierungsaufwand wird deutlich reduziert. Außerdem werden nicht die bewegungsfreien Abschnitte übergeben, sondern es werden die angesteuerten Winkel des Scanners übergeben. Ansonsten verläuft die Funktion für kontinuierliche Bewegungen gleich.

3.6.3 Der Optimierungsalgorithmus

Ziel der Optimierung ist es, die Bewegungsparameter $\boldsymbol{v}$ der Zielfunktion Z so zu verändern, dass $Z(\boldsymbol{v})$ optimiert wird. Dies kann mit Hilfe verschiedener Methoden geschehen, wie dem Gradientenverfahren, dem Simplex-Algorithmus oder genetischen Optimierungen. Viele dieser Methoden sind in MATLAB® vorgegeben. Unterschieden wird auch hier, wie schon in Teil 2.4 beschrieben, zwischen lokalen und globalen Optimierungsalgorithmen. Wir versuchen mit der Optimierung das globale Optimum der Funktion zu finden. Für diese Optimierung wird auf Grund seines globalen Charakters der Patternsearch-Algorithmus genutzt. In verschiedenen Testläufen mit den oben erwähnten Algorithmen erzielte er die stabilsten Ergebnisse.

Patternsearch

Die Optimierungsmethode Patternsearch ist eine nicht lineare Optimierung. Allgemein kann der Patternsearch auch bei nicht differenzierbaren Problemen angewendet werden und wird deshalb bevorzugt in den Ingenieurbereichen eingesetzt. Außerdem muss für den Patternsearch Algorithmus keine stetige Funktion vorausgesetzt werden.

Für das Patternsearch muss eine Folge $(x_k)_{k\in\mathbb{N}}$ mit $x_k \in \mathbb{R}^n$ existieren. Diese Folge setzt sich zusammen aus den Werten, der einzelnen Iterationschritte k. Dann muss, um das Optimierungsproblem lösen zu können, eine Teilfolge von (x_k) existieren, die die lokalen Optima der Zielfunktion enthält. Ist diese Teilfolge konvergent, existiert ein Grenzwert $\hat{x}$ und $f(\hat{x})$ entspricht dem globalen Optimum.

Der Pattersearch-Algorithmus funktioniert dabei für ein Minimum wie folgt. Es existiert eine Folge von Werten pro Iteration $x_k \in \mathbb{R}^n$ mit nicht ansteigenden Werten. Diese sind auf einem Gitter angeordnet. Jede Iteration wird dabei in 2 Phasen geteilt. Es wird unterschieden zwischen dem optionalen Search und dem lokalen Poll. Innerhalb des Search' wird eine begrenzte Anzahl von Punkten des Gitters untersucht. Es wird überprüft, ob sich unter diesen Punkten ein Wert befindet, der kleiner als der aktuelle ist. Bei der Suche nach diesem Wert können verschiedene Strategien angewendet werden, solange immer nur eine begrenzte Anzahl an Punkten genutzt wird. Die Suchstrategie ist dabei beliebig. Falls $f(x_{k+1})<f(x_k)$ wird das momentane Optimum ersetzt und x_{k+1} ist ein verbesserter Gitterpunkt. Die Suche geht daraufhin mit einer Menge um diesen verbesserten Punkt herumliegend weiter. Falls auf dieser Menge von Punkten kein Gitterpunkt gefunden wird, der kleiner als der bisherige ist, wird der Poll aktiviert. Dies bedeutet, dass die benachbarten Punkte dieser begrenzten Menge untersucht werden. Falls nun bei einem der beiden Schritte ein verbesserter Punkt gefunden wurde, wird das Gitter dahingehend angepasst, dass die Maschenweite vergrößert wird, um andere lokale Minima in der Nähe zu finden. Wird kein kleinerer Wert während des Poll-Schrittes gefunden, wird die Maschenweite verkleinert, um das bisher gefundene Optimum genauer zu bestimmen. Die Faktoren mit denen das Gitter skaliert wird, sind frei wählbar, ebenso wie die Anzahl der Iterationen [2].

Diese frei wählbaren Parameter können auch im Patternsearch-Algorithmus in MATLAB® eingestellt werden [17]. Es wurde als Skalierungsgröße für die Maschenweite 2 genutzt. Die Maschenweite wird also in jedem Schritt verdoppelt oder halbiert. Begonnen wird mit der Maschenweite 1. Außerdem werden vier Punkte um den Startpunkt $\boldsymbol{v}$ herum betrachtet. Daraus ergibt sich ein Schema, welches in Abbildung 3.11 für die ersten drei Iterationen beispielhaft dargestellt wird. Dort ist auch zu sehen, dass der dort genutzte Algorithmus, keine Unterscheidung zwischen Search und Poll verwendet, sondern zwischen erfolgreichen Poll und nicht erfolgreichen Poll unterscheidet. Der erfolgreiche Poll bezeichnet dabei einen Search, bei dem ein kleinerer Gitterpunkt gefunden wird. Der nicht erfolgreiche Poll entspricht dem allgemeinen Poll. Die Folgen für die Maschenweite und den zu untersuchenden Wert x_k sind mit denen im generellen Patternsearch gleichzusetzen.

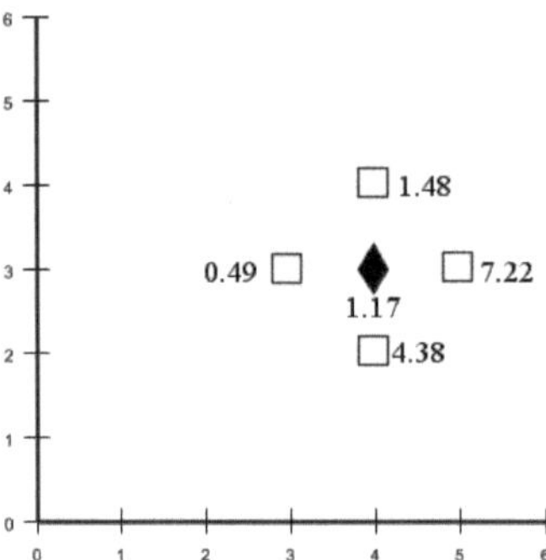

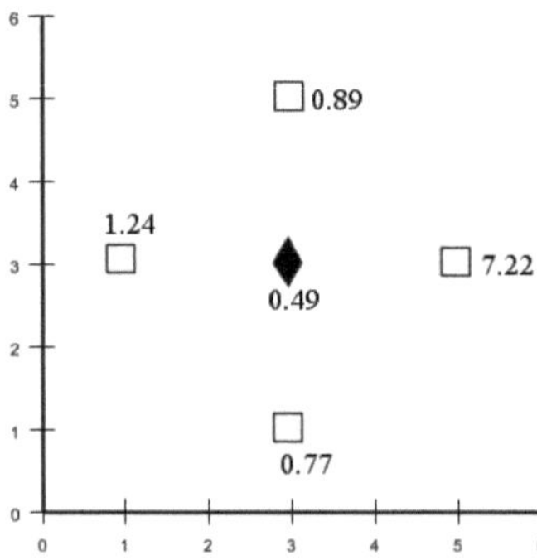

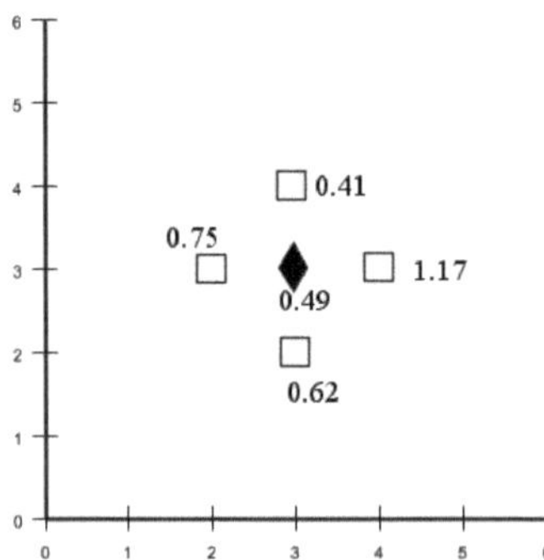

Abbildung 3.11: Dargestellt sind 3 Iterationen für den in MATLAB® verwendeten Patternsearch-Algorithmus. Weitere Iterationen werden analog zu 1 bis 3 ausgeführt.

3.7 Erzeugung und Rekonstruktion realer CT-Daten

Im folgenden Abschnitt wird der Versuchsaufbau zur Erzeugung realer, mit Bewegungsartefakten behafteter CT-Scans beschrieben. Dazu gehört nicht nur der generelle Aufbau, sondern auch das zu untersuchende Objekt, sowie der Vorgang der Datenaufnahme.

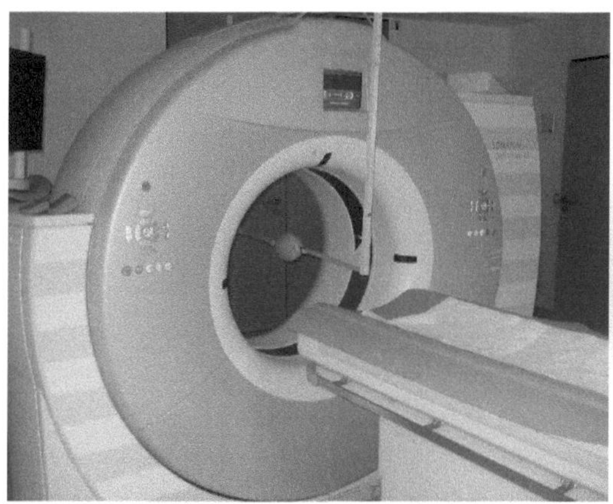 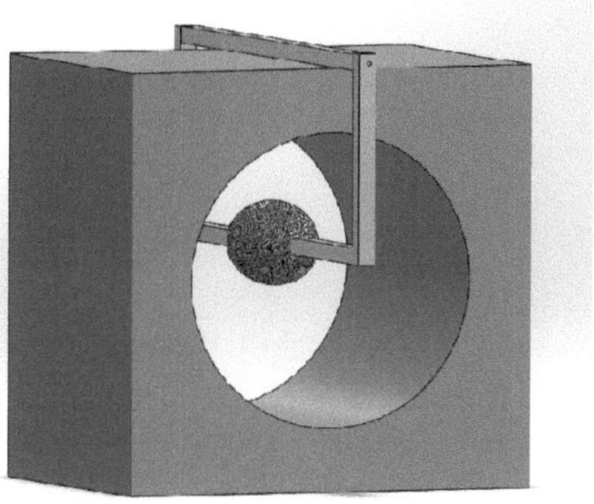

Abbildung 3.12: Dargestellt sind der Versuchsaufbau im Computertomographen und eine schemenhafte Skizze dieses Aufbaus.

Der Versuchsaufbau wurde im UKSH Lübeck realisiert. Beim CT handelt es sich um das Modell Somatom Definition AS von Siemens. Um die Gantry des Computertomographen wurde ein Aufbau gefertigt, der Bewegungen in X- und Y-Richtung zulässt, jedoch in Z-Richtung möglichst stabil bleibt. Dazu wurde eine höhenverstellbare Konstruktion erstellt, die in den Computertomographen eingebracht werden kann. Zu sehen ist der Aufbau in Abbildung 3.12. Die rechteckige, freihängende Konstruktion wurde an den Ecken um Querstreben ergänzt, um der Konstruktion mehr Stabilität zu gewähren. Außerdem wurde ein Brett mit möglichst großer Auflagefläche verarbeitet, um eine ruhige Lage auf dem CT zu gewährleisten. Die gesamte Konstruktion wurde aus Holz gefertigt. Nur die Gelenke für die kontinuierlichen Bewegungen sind aus Metall-Schrauben. Da sie sich außerhalb des Messfeldes befinden, sind keine Metall-Artefakte zu befürchten. Die übrigen Verbindungen wurden durch Holzdübel zusammengehalten.
Dort ist außerdem zu erkennen, dass als Phantom eine einfache Netzmelone verwendet wurde. Diese wurde mit Hilfe von Holznägeln im Aufbau befestigt, sodass die gemessenen Schichten ausschließlich Teile der Melone selbst zeigen, ohne Teile der Holzkonstruktion mit aufzunehmen. Vorerst wurde eine Referenzmessung von der Melone ohne Bewegung durchgeführt. Diese ist in Abbildung 3.13 zu sehen. Danach wurde damit begonnen Aufnahmen zu erstellen, bei denen das Objekt sich kontinuierlich bewegte, sodass Artefakte im Bild entstanden. Durchgeführt wurde dies durch einfaches Bewegen der Schaukel-Konstruktion. Diese Bewegungen wurden in verschiedenen Stärken ausgeführt, sodass sich jeweils unterschiedliche Bewegungsartefakte ergaben. Als diese Aufnahmen beendet waren, wurde wieder eine Aufnahme ohne Bewegung gemacht, um beobachten zu können, ob sie die Konstruktion während den Aufnahmen in Z-Richtung verschoben hat. Außerdem wurde noch ein Scan ohne Bewegung aufgenommen, bei dem die Position des Objektes verändert wurde, um eine abrupte Bewegung zu simulieren. Insgesamt wurden drei Aufnahmen ohne Bewegung und fünf Aufnahmen mit Bewegung gemacht.
Da es sich bei den Rohdaten um Daten in Fächerstrahlgeometrie handelt, müssen sie mit der

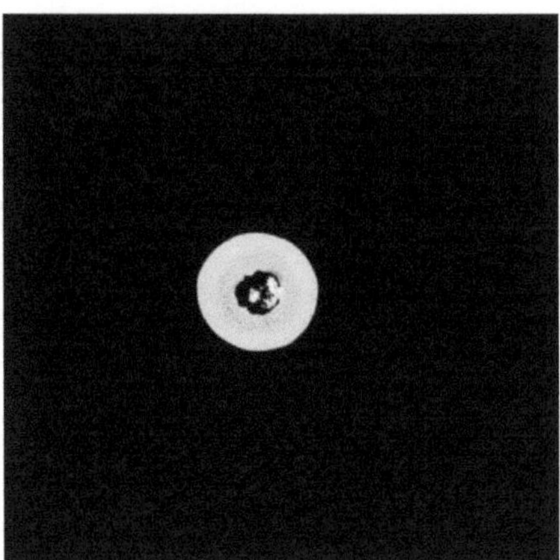

Abbildung 3.13: Dargestellt ist die erste Referenzmessung ohne Bewegung.

entsprechenden Rückwärtsprojektion (2.22) rekonstruiert werden, um die verschiedenen Schnitte des Phantoms zu gewinnen. Die Reduktion der Artefakte der kontinuierlichen Bewegung findet mit Hilfe der drei Bewegungsfunktionen $b_x(t)$, $b_y(t)$ und $b_{rot}(t)$ statt. Als Zielfunktion wird die Standardabweichung eingesetzt.

4 Ergebnisse

Innerhalb dieser Arbeit werden verschiedene Zielfunktionen und Bewegungsarten untersucht, um die Bewegungsartefakte in Bildern der Computertomographie zu beheben. Im folgenden Kapitel werden nun die Ergebnisse der einzelnen Methoden vorgestellt. Zuerst wird in Abschnitt 4.1 die Artefaktreduktion bei bekannten Bewegungszeitpunkten mit Hilfe verschiedener Zielfunktionen untersucht. Dies geschieht anschließend in Abschnitt 4.2 auch mit von Rauschen belegten Aufnahmen. In Abschnitt 4.3 werden dann die Ergebnisse beschrieben, die mit der Rekonstruktion von simulierter kontinuierlicher Bewegung erzielt wurden. Auch hier werden verschiedene Zielfunktionen eingesetzt. Abschließend werden die realen, im Computertomographen aufgenommenen Daten in Abschnitt 4.4 ausgewertet.

4.1 Transformation der Teilrekonstruktionen bei bekannten Bewegungszeitpunkten

Summe der Negativen Werte als Zielfunktion

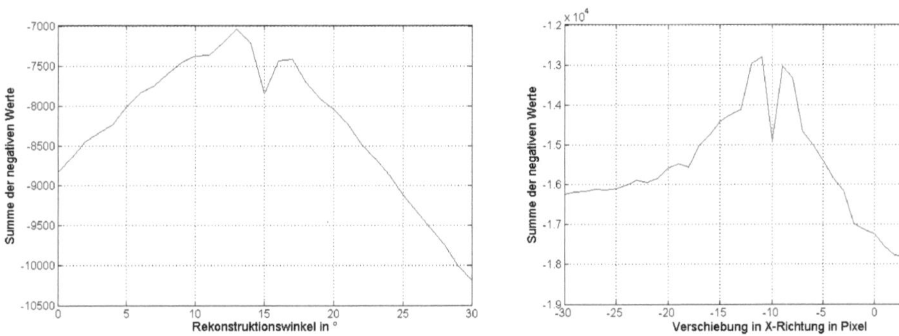

Abbildung 4.1: Die Plots zeigen die Summe der negativen Werte der Rekonstruktion bei fortlaufenden Bewegungsparametern. Die Schrittweiten betragen 1° bzw. 1 Pixel. Es handelt sich um eine Rotation um -15° (links) und eine Translation um 10 Pixel in X-Richtung (rechts).

Die Summe der negativen Werte wurde nach kurzer Anwendung wieder verworfen. Ein Beispiel ist in Abbildung 4.1 zu erkennen. Es wurde das einfache Shepp-Logan-Phantom, welches aus dem Abschnitt 3.1 bekannt ist, mit einer Bewegung versehen. Bei der Kompensation dieser Bewegung zeigten die negativen Werte kein Maximum an den zu erwarteten Stellen. Die Funktion der Rotation sollte bei 15° ihr Maximum zeigen, die durch Translation entstandene bei -10 Pixeln. Außerdem ergab sich schon bei diesen einfachen Bewegungen eine Kurve mit vielen lokalen

Optima. Eine Anwendung dieser Zielfunktion scheint, da es schon bei einem einfachen Phantom und einer einzelnen, einfachen Bewegung nicht zu aussagekräftigen Ergebnissen kommt, nicht geeignet. Wie sich herausgestellt hat, zeigten sich zwar gute Ergebnisse bei einer Abtastung von 180°, doch bei einer 360° Abtastung konnte die Rekonstruktion nicht die gewünschten Ergebnisse liefern. Zu sehen ist dies in Abbildung 4.2. Schon bei 180° kann eine vollständige Rekonstruktion ohne negative Werte erzeugt werden. Werden nun die übrigen Projektionsschichten auf das Bild addiert, korreliert die negative Summe nicht mehr mit den Artefakten im Bild. So können die Artefakte nicht mehr reduziert werden.

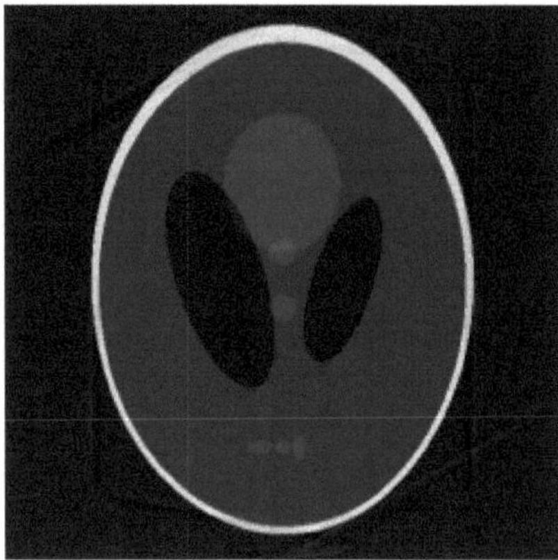 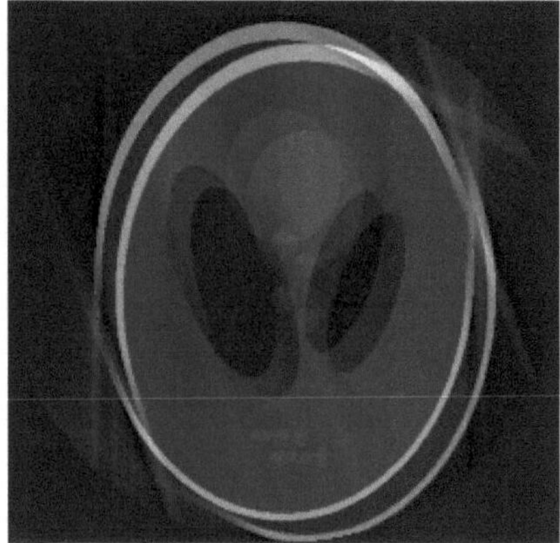

Abbildung 4.2: Zu sehen sind die Ergebnisse der Bewegungskompensation bei jeweils drei bewegungsfreien Abschnitten über 180° (links) und 360° (rechts).

Die Standardabweichung als Zielfunktion

Beispiele für die Standardabweichung als Zielfunktionen und deren Maxima sind in Abbildung 4.3 zu sehen. Dort wurden einzelne, abrupte Bewegungen simuliert. Sowohl die Rotation, als auch die Translation in X-Richtung wurden untersucht. Bei der Rotation zeigt sich ein deutliches Maximum bei 10° und bei der Translation scheint das Maximum bei -10 Pixeln zu liegen. Diese Werte entsprechen genau den entgegengesetzten Werten der vorher simulierten Bewegungen. Für dieses einfache Beispiel scheint die Standardabweichung als Zielfunktion erfolgreich zu sein, im Gegensatz zur Summe der negativen Werte. Zur Berechnung der Standardabweichung wurde jeweils der Betrag des Bildes genutzt.

Die Standardabweichung wird nun als Zielfunktionen zur Reduktion mehrerer abrupter Bewegungen verwendet. Es werden Teilrekonstruktionen genutzt, wie in Abbildung 3.6, die transformiert und addiert werden.

Für die Simulation abrupter Bewegungen wurden die Testbilder aus Kapitel 3.1 genutzt. Jedes erstellte Sinogramm besteht aus drei bis sechs bewegungsfreien Abschnitten. Es wurden 24 verschiedenen Durchläufen mit maximal 10° Rotation oder 10 Pixel Translation in X- und Y-Richtung durchgeführt. Dabei wurden maximal 500 Iterationen verwendet. Es ergab sich eine durchschnittliche Abweichung von 0.78 Pixeln und 0.30° im Vergleich zu den simulierten Bewegungsparametern. Der Startvektor war dabei ein Nullvektor von entsprechender Größe. Dieses Ergebnis bestätigt den guten subjektiven Bildeindruck der rekonstruierten Aufnahmen mit Reduktion der Bewegungsartefakte, wie in Abbildung 4.4 zu sehen ist. Jedoch sollte nicht

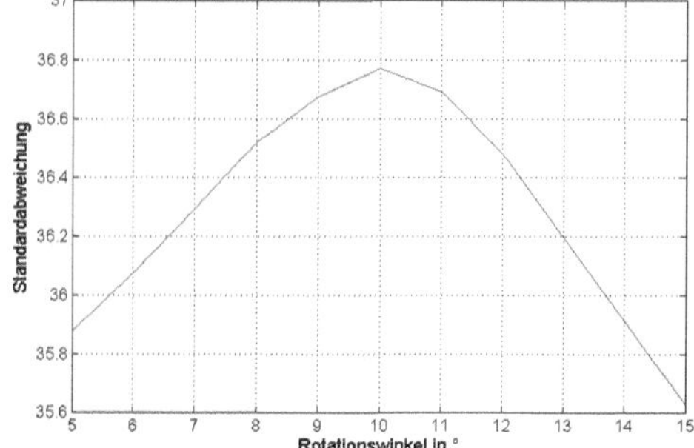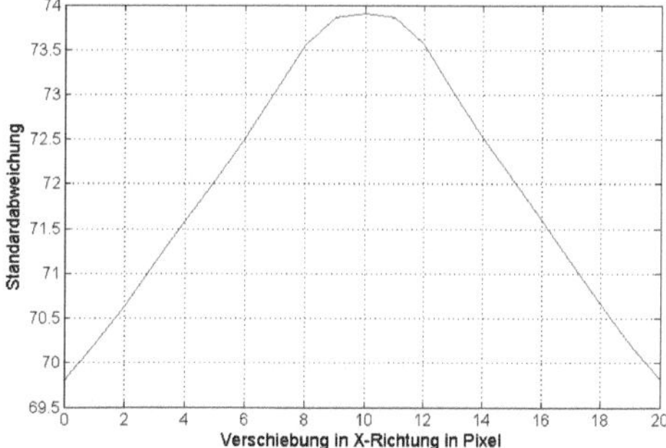

Abbildung 4.3: Es werden die Standardabweichungen der Rekonstruktionen bei verschiedenen Registrierungsparametern gezeigt. Beim linken Graphen wurde das Bild um -10° rotiert, rechts fand im Bild eine Translation in X-Richtung um -10 Pixel statt.

unerwähnt bleiben, dass die Optimierung bei Teilrekonstruktionen, die aus schmalen Winkelbereichen stammen, größere Abweichungen hervorbringt. Trotz eines sehr guten Bildeindrucks ergaben sich in diesen Fällen besonders in X- und Y-Richtung vergrößerte Abweichungen von bis zu 4 Pixeln.

Zu erklären ist dies mit Hilfe der Translation der Projektionsschichten in ihrer Projektionsrichtung. Wird beispielsweise eine einzelne Projektionsschicht parallel zu ihrer Projektionsrichtung translatiert, ergeben sich keine Veränderungen im resultierenden Bild. Werden nun bewegungsfreie Abschnitte aus schmale Winkelbereiche parallel zu einer der Projektionsrichtungen verschoben, hat dies auf Grund der kleinen Winkeländerungen kaum Auswirkungen auf das Bild. So können sich große Unterschiede vorallem in der Translation ohne eine deutlich sichtbare Qualitätsminderung des Bildes ergeben.

Die durch Optimierung entstandenen Aufnahmen sind mit bloßem Auge nicht von denen mit den original eingestellten Parametern erzeugten Aufnahmen zu unterscheiden. Insgesamt scheint die Standardabweichung als Zielfunktion geeignet zu sein, um Bewegungsartefakte zu reduzieren.

Die Entropie als Zielfunktion

Wie schon in vorhergehenden Abschnitten wurde auch für die Entropie ein Graph erstellt, um die Eignung als Zielfunktion festzustellen. Hierbei wurde das Shepp-Logan-Phantom genutzt und mit einer Translation in X-Richtung um 15 Pixel versehen. Außerdem wurde ein zweiter Durchgang mit einer Rotation von -10° durchgeführt. Bei der Rekonstruktion und der Kompensation der Bewegung wurde in jedem Schritt die Entropie bestimmt und im Graphen festgehalten. Dies ist in Abbildung 4.5 zu sehen. Es ergibt sich eine glatte Funktion mit deutlichem Minimum, sodass die Entropie zur Artefaktreduktion geeignet scheint. Es wurden 21 Durchgänge mit den vier verschiedenen Aufnahmen durchgeführt. Um die Ergebnisse vergleichen zu können, wurden die gleichen Bewegungen appliziert und die selben Aufnahmen, sowie Startvektoren genutzt, die bei der Standardabweichung als Zielfunktion verwendet wurden. Es ergab sich für die Zielfunktion eine durchschnittliche Abweichung von 1.06 Pixeln in X-, Y-Richtung und 0.4764° bei der Rotation. Die Rekonstruktionen mit Artefaktkompensationen zeigen ähnlich gute Ergebnisse, wie bei der Nutzung der Standardabweichung. Dies ist in Abbildung 4.6 dargestellt. Trotz geringfügig größerer Abweichungen, ist auch die Entropie als geeignete Zielfunktion für abrupte Bewegungen ohne Rauschen anzusehen.

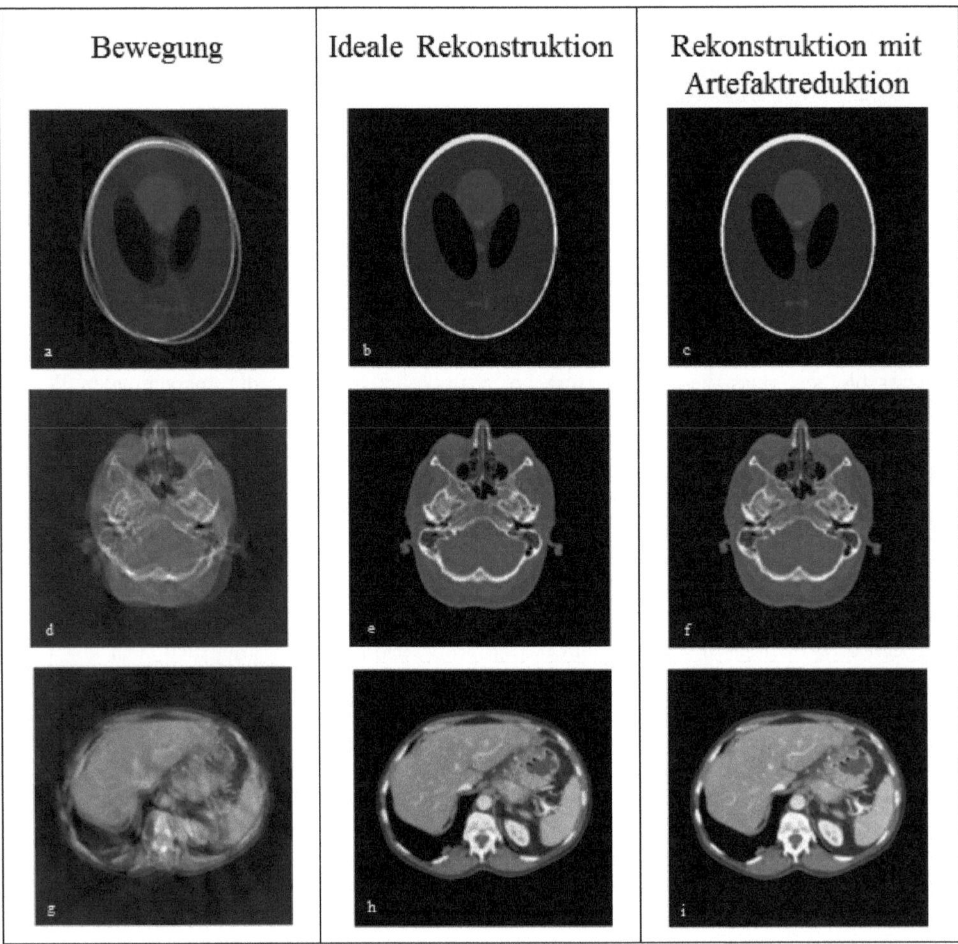

Abbildung 4.4: Dargestellt werden die vorher simulierte abrupte Bewegung, die durch ideale Parameter kompensierte Bewegung und die durch die Optimierung berechnet Rekonstruktion. Zuerst werden die Ergebnisse des Shepp-Logan-Phantoms gezeigt (a-c), welches sich während der Aufnahme zweimal bewegte. Dann eines Kopfes (d-f) mti drei Bewegungen während der Aufnahme und letztendlich vier Bewegungen eines Abdomens (g-i).

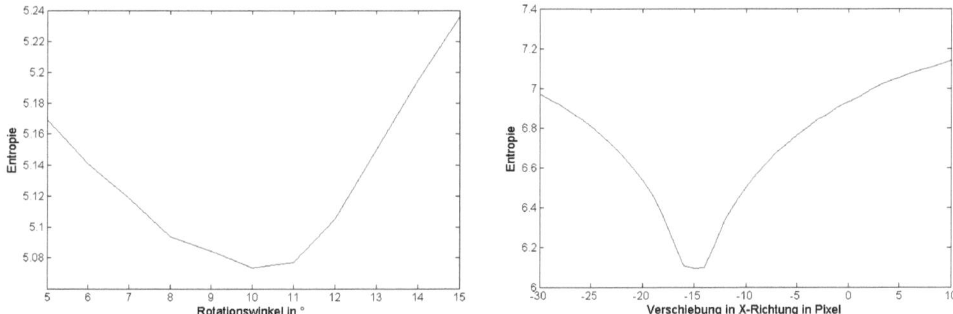

Abbildung 4.5: Dargestellt ist die Entropie der Aufnahmen mit verschiedenen Parameter. Links ist die Entropie während der einzelnen Rotationsschritte zu erkennen, während rechts die Translation in X-Richtung dargestellt wird.

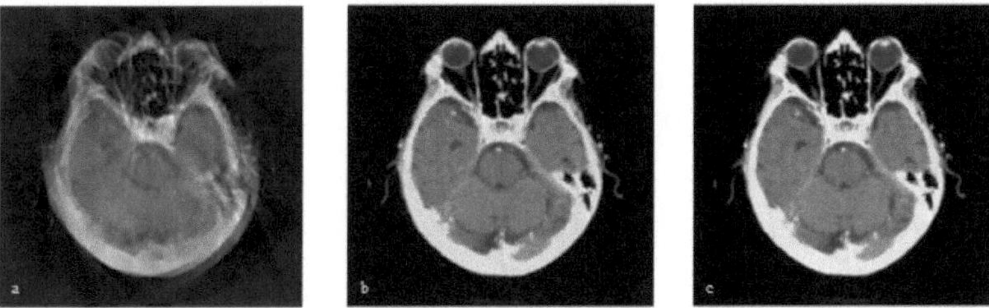

Abbildung 4.6: Wie in Abbildung 4.4 wird hier die Reduktion der Bewegungsartefakte dargestellt. (a) zeigt dabei die simulierten Bewegungsartefakte. (b) zeigt die ideale Rekonstruktion, mit den bei der Simulation verwendeten Parametern und (c) die Rekonstruktion mit den von der Optimierung berechneten Parametern.

4.2 Ergebnisse bei verrauschten Daten

Standardabweichung

Bei einem Versuch mit zwölf verschiedenen Durchläufen und dem Nullvektor als Startvektor ergab sich eine durchschnittliche Abweichung von 2.13 Pixeln und 2.57°. Diese erhöhte Abweichung ist auf das Rauschen zurückzuführen. Die Zielfunktion scheint durch das Rauschen deutlich mehr lokale Optima in Umgebung des globalen Maximums zu besitzen, wodurch die Optimierung gestört wird. So kommt es in drei Fällen zu größeren Unterschieden zur idealen Rekonstruktion, wie in Abbildung 4.7 (f) zu erkennen ist. Insgesamt scheint die Standardabweichung bei verrauschten Daten eine Möglichkeit zu sein, die Bewegungsartefakte zu reduzieren, auch wenn in einigen Fällen noch deutlich Artefakte zu sehen sind.

Entropie

Mit Hilfe der Entropie ist es zwar gelungen den Bildeindruck generell zu verbessern, jedoch treten in fast allen der zwölf getesteten Bilder weiterhin Bewegungsartefakte auf. Hier wurde wieder mit dem Startvektor gearbeitet, der dem Nullvektor mit entsprechender Größe entspricht. In

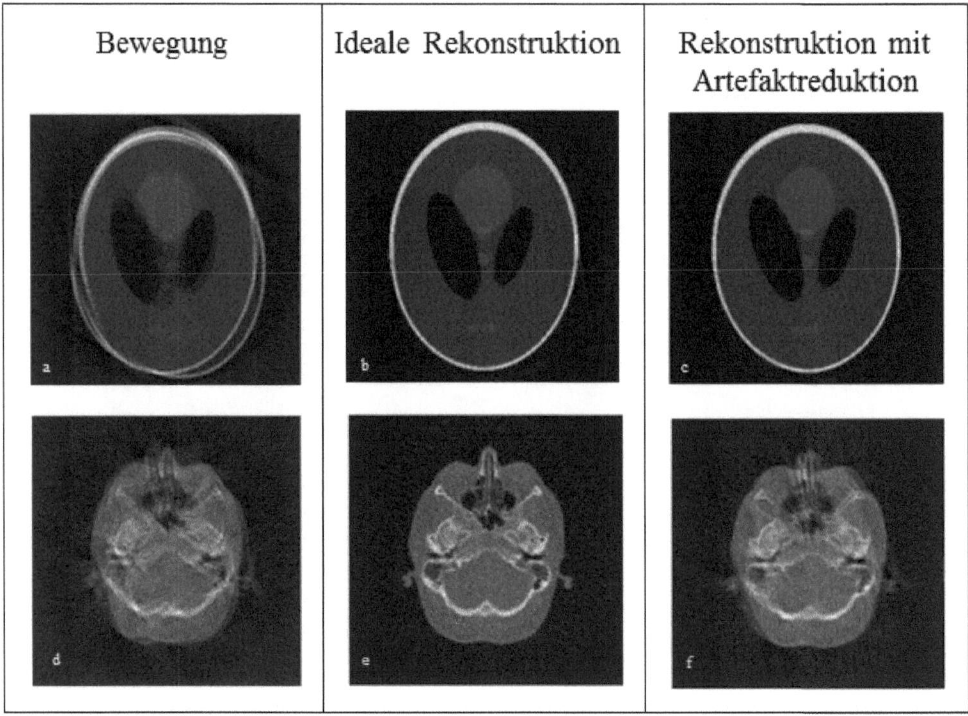

Abbildung 4.7: Dargestellt werden einige der simulierten Bewegungsartefakte und deren Reduktion aus Abbildung 4.4, jedoch mit simuliertem Rauschen. Während die Rekonstruktion in (c) die Artefakte gut reduziert hat, ist die Aufnahme in (f) weiterhin mit leichten Bewegungsartefakten belegt.

einigen Fällen bleiben die Bewegungsartefakte derart erhalten, dass die Qualität des Bildes sich subjektiv kaum verbessert. Diese Beobachtungen spiegeln sich in der Auswertung der Testbilder wider. Bei der Auswertung von zwölf Bewegungen mit vier verschiedenen Aufnahmen ergibt sich eine durchschnittliche Abweichung von 4.92 Pixeln in X-, und Y-Richtung, sowie eine Abweichung von 7.29° bei der Rotation. Diese Abweichung ist so groß, dass die Artefakte im Bild nicht mehr kompensiert werden können. Die Begründung für diese deutliche Verschlechterung der Bildqualität ist wie schon bei der Standardabweichung, der Anstieg der Anzahl der lokalen Optima. Bei der Entropie wirkt sich dies stärker aus, als bei der Standardabweichung, sodass elf von zwölf Bildern immer noch deutliche Artefakte enthalten. Ein Beispiel dafür ist Abbildung 4.8 (c). Es scheint keine deutliche Verbesserung zu 4.8 (a) zu geben.

Insgesamt ist die Zielfunktion der Entropie kaum in der Lage die Bewegungsartefakte bei Rauschen zu kompensieren. Hier zeigt sie deutlich schlechtere Ergebnisse als die Standardabweichung.

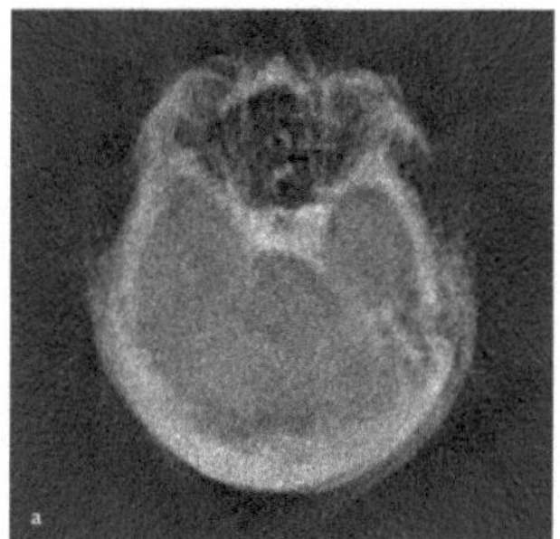 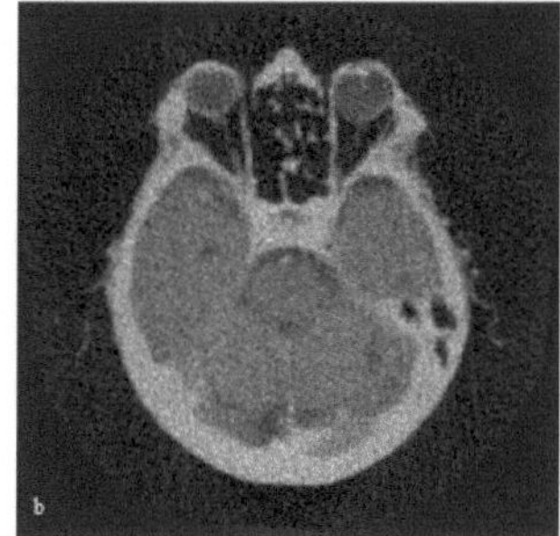 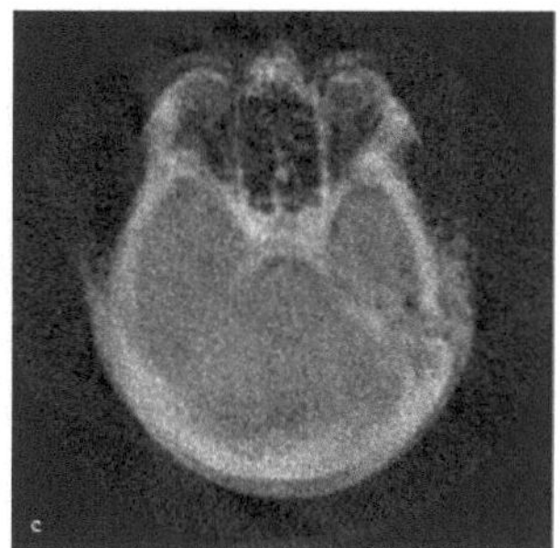

Abbildung 4.8: Dargestellt wird die Artefaktreduktion mit Hilfe der Entropie bei Rauschen. (a) zeigt dabei die Rekonstruktion ohne Bewegugnskorrektur, (b) die optimale Rekonstruktion und (c) die durch Optimierung erreichte Reduktion der Bewegungsartefakte.

4.3 Ergebnisse der Artefaktreduktion bei kontinuierlicher Bewegung

Die kontinuierliche Bewegung, wie sie in Abschnitt 3.3 beschrieben wird, wurde auf die in Abschnitt 3.1 gezeigten Bilder angewendet. Mit Hilfe der Zielfunktionen wurde dann versucht, die Artefakte zu reduzieren. Die Anzahl der Iterationen zur Kompensation der Bewegungsartefakte bei kontinuierlicher Bewegung betrug maximal 500. Im folgenden sind die Ergebnisse der beiden verwendeten Zielfunktionen Standardabweichung und Entropie erläutert.

Standardabweichung

Um die Qualität der Zielfunktionen in Hinblick auf die Artefaktreduktion bei kontinuierlichen Bewegungen beschreiben zu können, wurde ein Vergleichsmaß für die Bewegungsfunktionen eingeführt. Mit Hilfe des mittleren Abstandes wurden die simulierte und die durch Optimierung erstellte Bewegung verglichen, sodass der mittlere Abstand Null mit einer optimalen Kompensation der Artefakte korreliert.

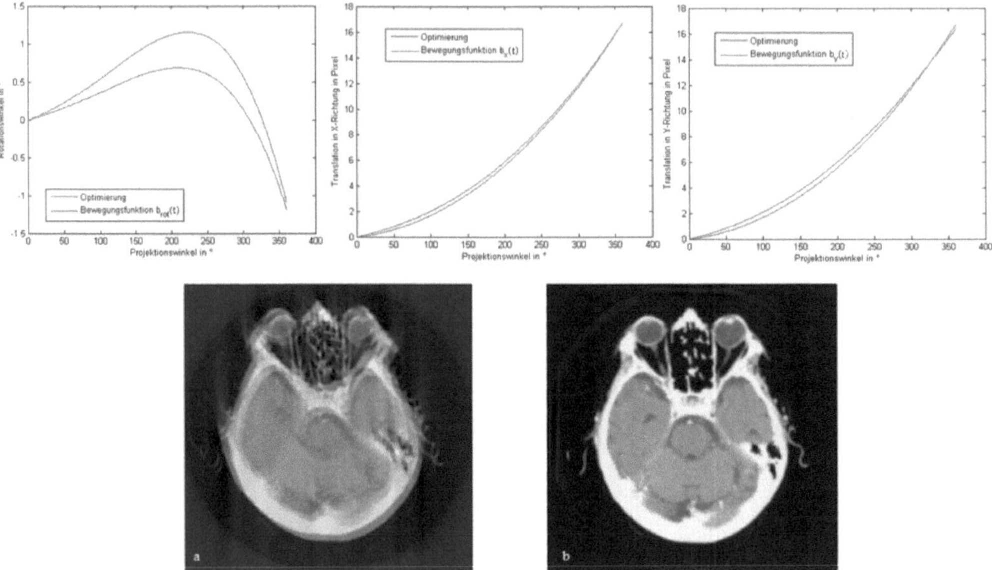

Abbildung 4.9: Im oberen Bereich werden 3 Graphen dargestellt, die die applizierte Bewegungsfunktion (grün) und die durch die Optimierung errechnete Bewegung „Optimierung"(rot) darstellen. Die beiden CT-Aufnahmen zeigen die Bewegungsartefakte,
die durch die Bewegungsfunktionen $b_x(t)$, $b_y(t)$ und $b_{rot}(t)$ entstehen (a) und die
Reduktion der Bewegungsartefakte durch die Optimierung (b).

Es ergeben sich für die mittlere Distanz folgende Ergebnisse bei zehn Testläufen mit dem
Startvektor $t=(1,1,1,1,1,1,1,1,1,1,1,1)^T$. In X- und Y-Richtung beträgt der mittelere Abstand
0.88 Pixel und für die Rotation 0.42°. Diese Werte wurden mit einer maximalen Translation von
35 Pixeln und einer maximalen Rotation von 12° erzeugt. Werden nur Translationen bis ca. 17
Pixel und Rotationen bis 2° ausgeführt, ergeben sich nur Abweichungen von 0.31 Pixeln und
0.29°. Besonders die Optimierung der Translation scheint durch kleinere Verschiebungen deutlich zuverlässiger zu werden, während größere Winkel auf die Rotation nur geringen Einfluss
haben.
Alle Abweichungen sind auch bei von $t=(1,1,1,1,1,1,1,1,1,1,1,1)^T$ veränderten Startvektoren re-
lativ stabil, sodass mit Hilfe der Standardabweichung das globale Maximum gut erreicht wird.
Der Zeitaufwand, den die Optimierung in Anspruch genommen hat, war dabei jedoch sehr hoch.
Im Mittel brauchte die Kompensation der Bewegungsartefakte einer kontinuierlichen Bewegung
ca. 3 bis 4 Tage.
In Abbildung 4.8 ist beispielhaft gezeigt, wie die Reduktion der Bewegungsartefakte aussieht.
Im oberen Teil der Abbildung werden jeweils die Bewegungsfunktionen dargestellt. Auf die Aufnahme ohne Bewegung werden die Bewegungsfunktionen $b_x(t)$, $b_y(t)$ und $b_{rot}(t)$ angewendet
und es entsteht ein mit Bild Bewegungsartefakten, wie in 4.9 (a). Die mit Hilfe der Optimierung bestimmte Funktion wird wiederum auf das Bild mit Bewegungsartefakten angewendet,
sodass die Artefakte wie in Abbildung 4.9 (b) reduziert werden. Die Abweichungen der beiden
Funktionen lassen sich im oberen Teil der Abbildung gut erkennen. Für die Kompensation der
Bewegungsartefakte, muss die durch Optimierung bestimmte Funktion entgegengesetzt der ap-

plizierten Bewegung wirken. Insgesamt sind die Bewegungsartefakte stark reduziert und das Bild mit Bewegung konnte gut an das Original in Abbildung 3.1 (a) angenähert werden.

Entropie

Mit Hilfe des Startvektors $t=(1,1,1,1,1,1,1,1,1,1,1,1)^T$ und der oben beschriebenen Methode der Auswertung, ergaben sich für die Entropie deutlich größere Abweichungen als bei der Standardabweichung. Dies bedeutet für den mittleren Abstand eine Abweichung von 2.28 Pixeln in X-, Y-Richtung und einer Abweichung von 1.43° bei der Rotation.

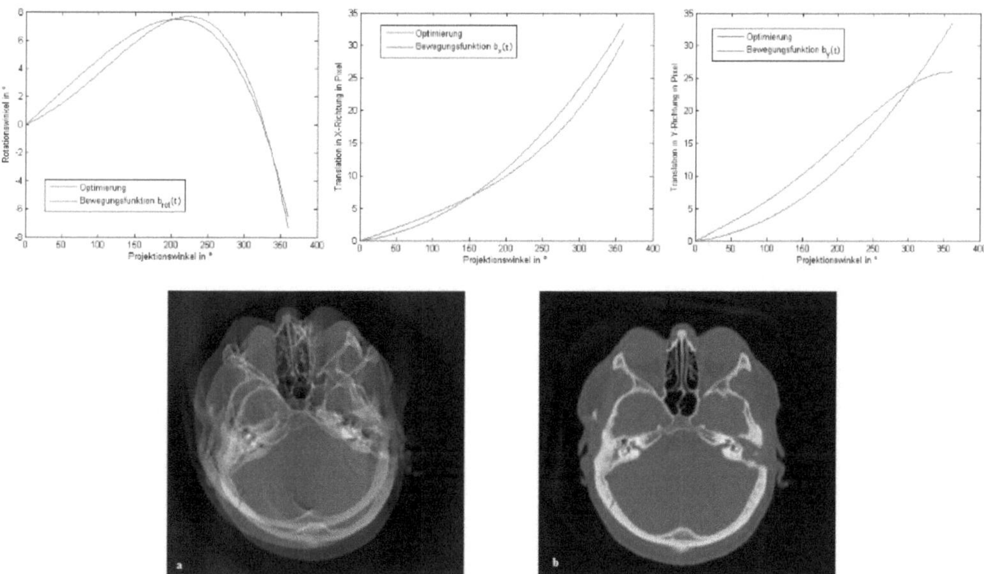

Abbildung 4.10: Dargestellt werden die Bewegungsfunktionen $b_x(t)$, $b_y(t)$ und $b_{rot}(t)$ und die durch Optimierung bestimmten Funktionen „Optimierung"(oben). Das Bild mit Bewegungsartefakten (a) zeigt dabei die durch die Bewegungsfunktionen applizierten Artefakte, während die Rekonstruktion (b) die Aufnahme mit kompensierten Artefakten zeigt. Die Kompensation konnte mit Hilfe der optimierten Funktion erzielt werden.

Dadurch wird die Bildqualität deutlich eingeschränkt, wie beispielhaft in Abbildung 4.10 gezeigt wird. Außerdem wird dort durch die Graphen deutlich, wie stark die beiden Funktionen divergieren. Im Gegensatz zur Zielfunktion der Standardabweichungen ist die Entropie stark vom Startvektor abhängig. Bei der Verwendung von t_2=-10 · t waren die Ergebnisse verändert. Bei einigen Bildern, die bei $t=(1,1,1,1,1,1,1,1,1,1,1,1)^T$ noch starke Artefakte enthielten, wurde die Bildqualität deutlich verbessert. Wohingegen vorher sehr gut kompensierte Bewegungsartefakte bei anderen Bildern nun auftraten. Dies bedeutet, dass die Zielfunktion Entropie mit Hilfe der richtigen Startvektoren bessere Ergebnisse erzielt. Insgesamt scheint die Entropie wie schon in den vorhergehenden Abschnitten auch bei der kontinuierlichen Bewegung weniger gut geeignet als die Standardabweichung, da die Abweichungen größer sind.

Der Zeitfaktor war hier ebenfalls ein Problem. Die Optimierung mit Hilfe der Entropie war zwar kürzer, als die mit der Standardabweichung als Zielfunktion, dennoch wurden dafür im Mittel ca. 1 Tag benötigt.

4.4 Ergebnisse der Methode mit realen Daten

Die in Teil 3.7 erwähnten drei Aufnahmen ohne Bewegung wurden dazu verwendet zwei Aufnahmen mit jeweils einer abrupten Bewegung zu realisieren. Die abrupte Bewegung wurde, wie in Abschnitt 3.2 beschrieben, aus den Aufnahmen erzeugt. Die Kompensation der Bewegungsartefakte wurde auf 30° Rotation und ± 180 Pixel beschränkt. Für diese zwei Fälle ergaben sich hinsichtlich der Bildqualität nach der Optimierung gute Ergebnisse, wie in Abbildung 4.11 zu erkennen ist. Die kleinen Unschärfen im Bild mit reduzierten Bewegungsartefakten lassen sich durch leichte Bewegung in Z-Richtung erklären. Denn der Aufbau hat sich trotz Markierung der verwendeten Schicht auf dem Objekt leicht in Z-Richtung verschoben, sodass die gemessenen Schichten kleine Veränderungen zeigen.

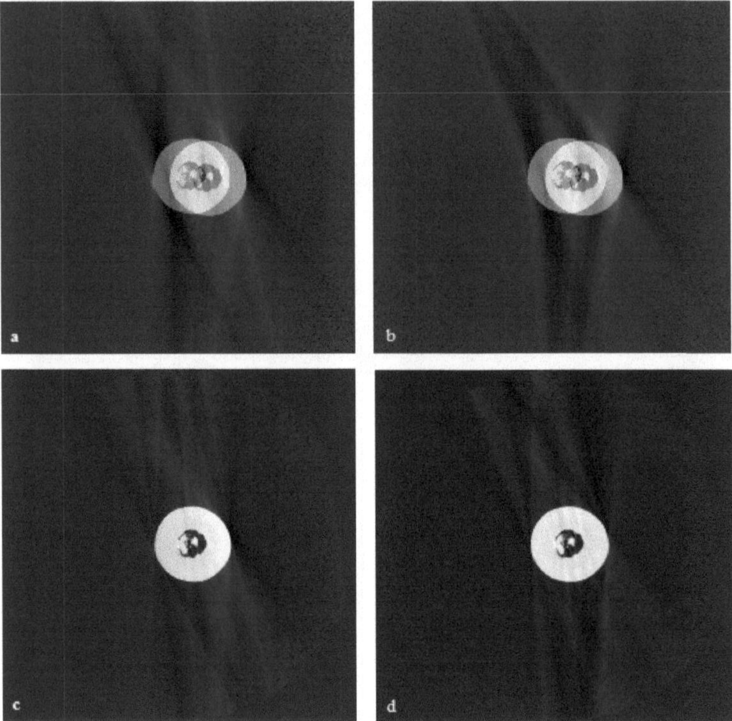

Abbildung 4.11: Zu sehen sind die abrupten Bewegungen mit realen CT-Daten (a,b), sowie die Bewegungskompensation der oberen beiden Aufnahmen (c,d).

Für die kontinuierliche Bewegung wurden die Kompensationsverfahren aus Abschnitt 3.3 verwendet. Die maximale Anzahl an Iterationen betrug 500. Die verwendete Bewegungsfunktion wurde, anders als bei den simulierten Bewegungen, auf ein Polynom zehnten Grades geändert, da sich das Polynom vierten Grades schon nach kurzen Tests als unbrauchbar erwies. Die fünf Bilder mit Bewegungsartefakten ausgelöst durch kontinuierliche Bewegung unterschiedlicher Stärke zeigten dennoch nur in zwei Fällen zufriedenstellende Ergebnisse. In allen Fällen wurde die Bildqualität sichtbar verbessert, doch die übrigen Bilder zeigten noch immer Bewegungsartefakte. Es besteht dabei kein Zusammenhang zwischen Stärke der Bewegung und Qualität der Bilder mit Artefaktreduzierung, was in Abbildung 4.12 dargestellt wird. Ein weiteres Problem bei den realen Daten ist, dass sie deutlich größer sind als die simulierten Bilder und Sinogramme. Dadurch kommt es zu Laufzeiten der Optimierung von fünf bis sieben Tagen.

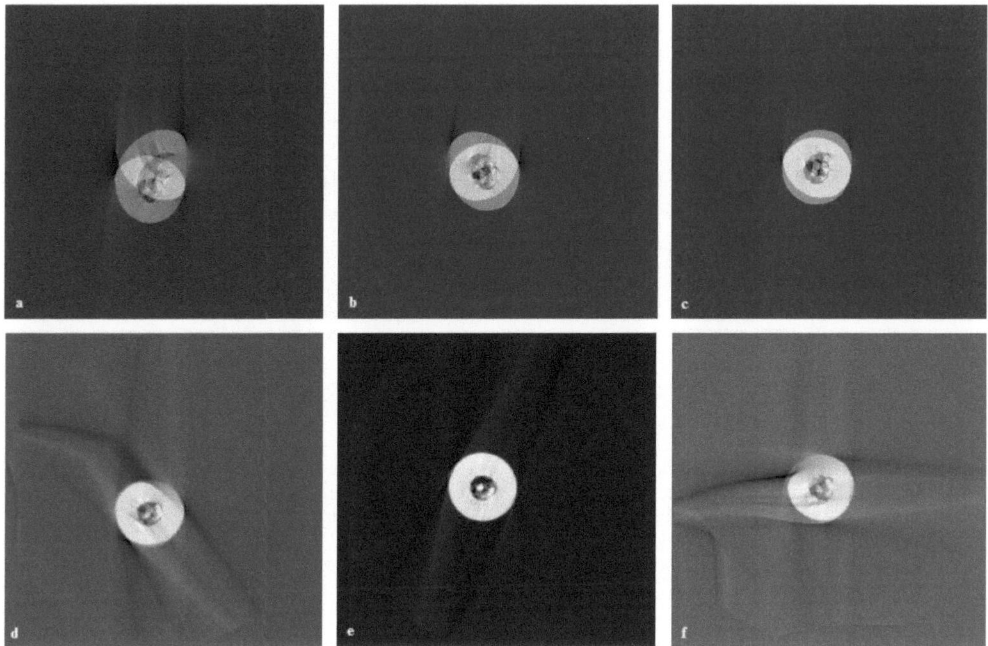

Abbildung 4.12: Dargestellt sind drei der fünf Aufnahmen des Computertomographen. Die oberen drei Abbildungen (a-c) zeigen die Bewegungsartefakte, die mit Hilfe des Versuchsaufbaus realisiert wurden. Die unteren Bilder (d-f) zeigen die Reduktion der Bewegungsartefakte aus (a-c) mit Hilfe der rigiden Transformationen und der Standardabweichung als Zielfunktion. Es ist deutlich zu sehen, dass nur in (e) die Artefakte größtenteils kompensiert wurden.

5 Diskussion und Ausblick

Innerhalb dieser Bachelorarbeit wurde untersucht, ob Bewegungsartefakte mit Hilfe von rigiden Transformationen und geeigneten Zielfunktionen kompensiert werden können. Dazu wurden die drei Zielfunktionen Summe der negativen Zahlen, Standardabweichung und Entropie untersucht. Bereits bei den abrupten Bewegungen ohne Rauschen zeigte sich, dass die Summe der negativen Zahlen nicht als Zielfunktion geeignet ist. Sie zeigte keinen konvexen Verlauf, sodass es sie nicht mit den Artefakten im Bild korrelierte. Dies ist darin begründet, dass sich bereits mit 180° ein Bild ohne negative Werte rekonstruieren lässt. Werden die restlichen Projektionsschichten so transformiert, dass auch sie keine negativen Werte mehr besitzen, sind diese Teilbilder beliebig zueinander zu verschieben. Bewegungsartefakte bleiben erhalten. Bei einer Abtastung von nur 180° wäre diese Zielfunktion durchaus erfolgreich. Jedoch werden, um andere Artefakte zu vermeiden, bei der gefilterten Rückprojektion immer mindestens 180° benötigt. Durch Rotation kommt es aber zu nicht äquidistanten Winkeln, sodass eine Abtastung von 180° nicht mehr erreicht wird. Dadurch würde es zu wenig Projektionsschichten zur gefilterten Rückprojektion geben und es würden neue Artefakte auftreten.

Sowohl die Ergebnisse der Standardabweichung, als auch der Entropie bei abrupten Bewegungen ohne Rauschen waren zufriedenstellend. Ein Problem bei der Berechnung ist jedoch der Berechnungszeitraum. Bei maximal 500 Iterationen wurden Zeiten von zwei bis fünf Stunden benötigt. Dies ist darin begründet, dass jeder Iterationsschritt eine Berechnung der Gewichtungsfunktion und eine Interpolation auf ein verändertes Gitter benötigt.

Eine Erweiterung der Simulation durch Rauschen ergab Ergebnisse verminderter Qualität. Dies lässt sich dadurch erklären, dass das additive Rauschen die Zielfunktionen verändert. Es ist dafür verantwortlich, dass die sonst glatten Zielfunktionen deutlich mehr lokale Optima enthalten. Die Entropie scheint dem Rauschen gegenüber deutlich anfälliger zu sein, als die Standardabweichung, bei der die Abweichungen deutlich geringer sind. Die berechneten Parameter bei der Zielfunktion Entropie weichen stark von den simulierten Werten ab, sodass die Aufnahmen mit Artefaktkompensation immer noch deutliche Bewegungsartefakte zeigen.

Im zweiten Versuchsteil, wurden dann kontinuierliche Bewegungen simuliert. Hier zeigten sich, ähnlich wie bei den rauschbehafteten Messungen, bessere Ergebnisse für die Standardabweichung als für die Entropie. Während die Qualität der Bilder, die mit Hilfe der Standardabweichung optimiert wurden, sehr gut waren und kaum noch Bewegungsartefakte zu sehen waren, zeigten die Aufnahmen mit der Entropie als Zielfunktion in einigen Fällen Artefakte. Das Ausmaß der kontinuierlichen Bewegung hat einen großen Einfluss auf das Ergebnis der Artefaktreduktion bei beiden Zielfunktionen. Bei großen Bewegungen verlief die Beseitigung der Artefakte deutlich schlechter, als bei Bewegungen bis 2 ° und 17 Pixeln. Dies scheint jedoch für den klinischen Alltag nicht von all zu großer Bedeutung, da die Bewegungen nur im kleinen Ausmaß in der Klinik stattfinden. Es werden dort selten Rotationswerte über 2° erreicht, sowie Translationen über 0,5 cm [18]. Dies entspricht innerhalb der Simulation mit einer Detektorbreite von 400 mm und Bildgrößen von 300 Pixel x 300 Pixel einer Translation von circa 7 Pixel. Dies liegt also innerhalb der Spanne, die bei der Simulation zu sehr guten Ergebnissen führte. Auch bei größeren Bewegungen lieferte die Zielfunktion der Standardabweichung noch ausreichende Ergebnisse, sodass die Bewegungsartefakte deutlich reduziert werden konnten. Ein anderes Problem im klinischen Alltag scheint die benötigte Zeit der Optimierung zu sein. Innerhalb jeden Berechnungsschrittes müssen die Bewegungen passend zu der jeweiligen Bewegungsfunktion, die Gewichtungsfunktion und die Transformationsmatritzen für jede Projektionsschicht berechnet werden. Außerdem findet in jedem Berechnungsschritt eine Interpolation statt. Dadurch werden für die Kompensation der Bewegungsartefakte mehrere Tag benötigt.

Die Reduktion der Bewegungen mit realen CT-Aufnahmen ist noch ausbaufähig. Die abrupte Bewegung und ihre guten Ergebnisse zeigen, dass das Verfahren generell auf reale CT-Daten anwendbar ist. Doch die kontinuierliche Bewegung konnte nur in wenigen Fällen kompensiert werden. Eine Ursache könnte die genutzte Bewegungsfunktion sein. Ob diese den Bewegungsablauf der Konstruktion ideal wiedergibt, ist fragwüdig. Um das Verfahren zu verbessern, sollte eine Bewegungsfunktion gefunden werden, die den Bewegungen des Objektes im CT und später des Patieten ideal beschreibt. Sie sollte dabei möglichst variabel sein, um auch seltene Bewegungen weitesgehend zu kompensieren. Außerdem könnten nicht-rigide Transformationen genutzt werden, um beispielsweise Bewegungsartefakte durch Atmung oder Herzschlag kompensieren zu können.

Das größte Problem für die Anwendung bei realen Daten wird der Zeitaufwand sein. Deshalb sollte der Zeitraum, den die Artefaktreduktion in Anspruch nimmt, reduziert werden. Die heute immer noch rasant steigenden Computerleistungen tragen dazu bei, dass die Verfahren in einigen Jahren deutlich weniger Zeit benötigen werden. Außerdem sollte über eine Parallelisierung der Berechnungen nachgedacht werden. Dadurch, dass mehrere Berechnungen gleichzeitig durchgeführt werden, könnte der Berechnungszeitraum deutlich verkürzt werden. Zudem könnten die eingesetzten Algorithmen und Funktionen optimiert werden. Mit Hilfe von größerer Effizienz der Methoden könnten so deutliche Einsparungen der Zeiträume stattfinden. Ein besonderes Interesse könnte dabei auf dem Optimierungsalgorithmus selbst liegen, der eventuell durch einen anderen, schnelleren ersetzt werden könnte.

Insgesamt hat das Verfahren, besonders das, welches die Standardabweichung als Zielfunktion genutzt hat, gute bis sehr gute Ergebnisse geliefert. Im weiteren Verlauf könnte dieses Verfahren auf weitere Zielfunktion übertragen werden, die auch bei deutlich größeren kontinuierlichen Bewegungen sehr gute Ergebnisse zeigen.

Abschließend sollte außerdem erwähnt werden, dass die Bewegungen nur innerhalb der X- und Y-Richtung durchgeführt wurden. Um diese Ansätze noch weiter auf die Realität und den klinischen Alltag zu übertragen, wäre auch eine Anwendung in Z-Richtung denkbar. Beispielsweise beim Heben und Senken des Kopfes kann es zu Verschiebungen in Z-Richtung kommen. Dies führt dazu, dass die Einbeziehung dieser Richtung zu noch besseren Ergebnissen führen kann. Abzuwägen wäre dabei, ob die Verbesserung der Bildqualität die beachtlich länger werdende Rechenzeit aufwiegt.

Literaturverzeichnis

[1] W. Alt. *Nichtlineare Optimierung - Eine Einführung in Theorie, Verfahren und Anwendungen.* Friedr. Vieweg & Sohn Verlagsgesellschaft, Braunschweig, Wiesbaden, 1. Auflage, 2002.

[2] C. Audet und J. Dennis Jr. Analysis of generalized pattern searches. *SIAM J. Optim.*, 13(3):889–903, 2003.

[3] F. E. Boas und D. Fleischmann. CT artifacts: Causes and reduction techniques. *Imaging Med.*, 4(2):229–240, 2011.

[4] T. M. Buzug. *Einführung in die Computertomographie - Mathematisch-physikalische Grundlagen der Bildrekonstruktion.* Springer - Verlag, Berlin, Heidelberg, 1. Auflage, 2005.

[5] T. M. Buzug. *Computed Tomography - From Photon Statistics to Modern Cone-Beam CT.* Springer- Verlag, Berlin, Heidelberg, 1. Auflage, 2008.

[6] E. Cramer und U. Kamps. *Grandlagen der Wahrscheinlichkeitsrechnung und Statistik- Ein Skript für Studierende der Informatik, der Ingenieur- und Wirtschaftswissenschaften.* Springer Verlag, Berlin, Heidelberg, 3. Auflage, 2014.

[7] S. Ens und T. M. Buzug. Automatische Detektion von abrupten Patientenbewegungen in der Cone-Beam-Computertomographie. In *39. Jahrestagung der Gesellschaft für Informatik, Lecture Notes in Informatics (LNI)*, S. 1223–1230, 2009.

[8] H. Handels. *Medizinische Bildverarbeitung - Bildanalyse, Mustererkennung und Visualisierung für die computergestützte ärztliche Diagnostik und Therapie.* Vieweg & Teubner Verlag, Wiesbaden, 2. Auflage, 2009.

[9] P. A. Höher. *Grundlagen der digitalen Informationsübertragung - Von der Theorie zur Mobilfunkanwendung.* Springer Vieweg, Wiesbaden, 2. Auflage, 2013.

[10] C. Kaethner, B. Kratz, S. Ens, und T. M. Buzug. Referenzlose Qualitätsbestimmung von CT-Bildern. In *Bildverarbeitung für die Medizin 2011*, S. 439–443. Springer Verlag, Heidelberg, 1. Auflage, 2011.

[11] W. A. Kalender. *Computertomographie - Grundlagen, Gerätetechnologie, Bildqualität, Anwendeungen.* Publicis Corporate Publishing, Erlangen, 2. überarbeitete und erweiterte Auflage, 2006.

[12] R. Klette und P. Zamperoni. *Handbuch der Operatoren für die Bildbearbeitung.* Friedr. Vieweg & Sohn Vertragsgesellschaft, Braunschweig, Wiesbaden, 2. überarbeitete und erweiterte Auflage, 1995.

[13] K. J. Lee und D. B. Barber. Use of forward projection to correct patient motion during SPECT imaging. *Phys. Med. Biol.*, 43(1):171–187, 1998.

[14] W. Lu und T. R. Mackie. Tomographic motion detection and correction directly in sinogram space. *Phys. Med. Biol.*, 47(8):1267–1284, 2002.

[15] C. Rohkohl, H. Bruder, K. Stiersdorfer, und T. Flohr. Improving best-phase image quality in cardiac CT by motion correction with MAM optimization. *Medical Physics*, 40(3):031901, 2013.

[16] D. Schäfer, J. Borgert, V. Rasche, und M. Grass. Motion-compensated and gated cone beam filtered back-projection for 3d rotational x-ray angiography. *IEEE Transactions in Medical Imaging*, 23(7):898–906, 2006.

[17] The MathWorks Inc. Global Optimization Toolbox User's Guide R2014a. Natrik, MA, USA.

[18] A. Wagner, K. Schicho, F. Kainberger, W. Birkfellner, S. Grampp, und R. Ewers. Quantification and clinical relevance of head motion during computed tomography. *Invest. Radiol.*, 38(11):733–741, 2003.

[19] C.-K. Yang, S. C. Orphanoudakis, und J. W. Strohbehn. A simulation study of motion artefacts in computed tomography. *Phys. Med. Biol.*, 27(1):51–61, 1982.

[20] S. Zafar, W. Younis, und N. M. Sheikh. The componsation of head motion artefacts using an infrared tracking system for CT (computerized tomography) imaging. In *IET International Conference on Visual Information Engineering*, S. 105–109, 2006.

UNIVERSITÄT ZU LÜBECK

Humanmedizin

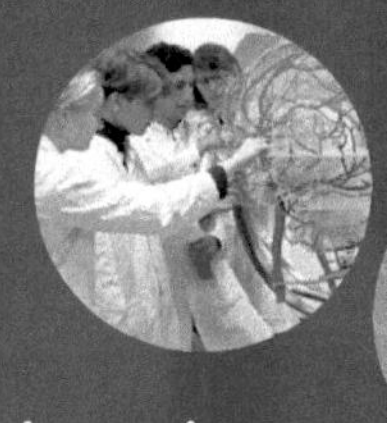

Biomedical Engineering
Entrepreneurship in
Digitalen Technologien
Infection Biology
Im Focus das Leben
Informatik
Mathematik in Medizin und
Lebenswissenschaften

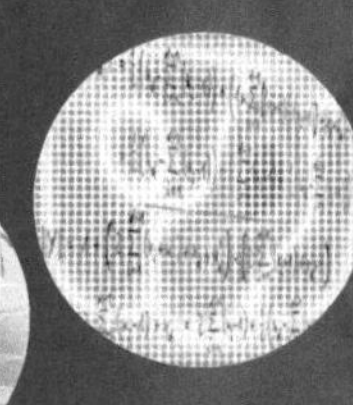

Medieninformatik
Medizinische Informatik
Medizinische
Ingenieurwissenschaft
Molecular Life Science
Pflege

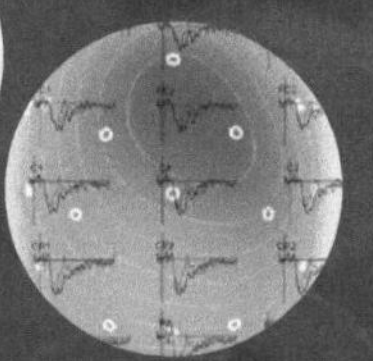

Psychologie
www.uni-luebeck.de

Infinite Science Publishing provides a publication platform for excellent theses as well as scientific monographies and conference proceedings for reasonable costs.

These publications enable scientists and research organizations to reach the maximum attention for their results.

The service of Infinite Science Publishing comprises the entire range from the publication of print-ready documents up to cover design as well as copy-editing of single articles.

Infinite Science Publishing is an imprint of the Infinite Science GmbH, a University of Lübeck spin-off and service partner of the BioMedTec Science Campus.

www.infinite-science.de/publishing

Infinite Science GmbH
MFC 1 | BioMedTec Wissenschaftscampus
Maria-Goeppert-Str. 1, 23562 Lübeck
book@infinite-science.de